河南省 引黄受水区 高质量发展研究

张修宇　周　莹　郑瑞强　毛学民　韩春辉　张志强 等 著

中国水利水电出版社
www.waterpub.com.cn
·北京·

图书在版编目（CIP）数据

河南省引黄受水区高质量发展研究 / 张修宇等著.
北京 ： 中国水利水电出版社，2024. 10. -- ISBN 978-7-
5226-2637-6

Ⅰ. TV213.4

中国国家版本馆CIP数据核字第2024XQ0957号

书　　名	**河南省引黄受水区高质量发展研究** HENAN SHENG YIN HUANG SHOUSHUIQU GAOZHILIANG FAZHAN YANJIU
作　　者	张修宇　周　莹　郑瑞强　毛学民　韩春辉　张志强　等 著
出版发行	中国水利水电出版社 （北京市海淀区玉渊潭南路 1 号 D 座　100038） 网址：www. waterpub. com. cn E - mail：sales@mwr. gov. cn 电话：(010) 68545888（营销中心）
经　　售	北京科水图书销售有限公司 电话：(010) 68545874、63202643 全国各地新华书店和相关出版物销售网点
排　　版	中国水利水电出版社微机排版中心
印　　刷	北京中献拓方科技发展有限公司
规　　格	184mm×260mm　16 开本　11 印张　221 千字
版　　次	2024 年 10 月第 1 版　2024 年 10 月第 1 次印刷
定　　价	**98. 00 元**

前言

在当前全球化和环境变化的双重背景下，区域发展的可持续性成为各国关注的焦点。特别是在水资源日益紧缺、生态环境日益脆弱的今天，如何协调经济发展与生态保护之间的关系、实现高质量发展，成为了一个亟待解决的问题。近年来，我国高度重视黄河流域的生态保护与高质量发展，提出了一系列政策导向，特别是"黄河流域生态保护和高质量发展战略"的提出，为我国黄河流域乃至全国的生态保护和经济社会发展指明了方向。这一战略强调了在保护生态的前提下，推动经济社会高质量发展，实现人与自然和谐共生。

在全面推进高质量发展的新时代背景下，黄河流域作为我国重要的生态屏障和经济带，其高质量发展具有举足轻重的战略意义。河南省引黄受水区作为黄河流域的重要组成部分，其高质量发展具有特殊的意义。该区域水资源丰富，但长期以来也面临着资源利用效率低、生态环境压力大等问题，其水资源的高效利用与生态保护对于促进区域经济社会协调发展、实现人与自然和谐共生具有不可替代的作用。因此，开展河南省引黄受水区高质量发展研究，不仅有助于解决该区域面临的实际问题，还能为其他地区提供有益的借鉴。本书正是在这样的国家政策导向和时代背景下，围绕河南省引黄受水区的高质量发展展开深入研究，旨在通过系统分析、模型构建和实证研究，为河南省引黄受水区的高质量发展提供理论支撑和实践指导。

全书共两篇。第1篇为河南省引黄受水区高质量发展和谐调控模型构建及应用：基于广大学者围绕"黄河流域生态保护和高质量发展战略"开展的研究基础，剖析了研究区域存在的根本性问题，厘清了资源-生态-经济-社会系统的作用机制；以水资源为主线，构建了基于系统论的高质量发展评价指标体系，开展了区域高质量发展水平量化评估；提出了区域高质量发展和谐调控模型，辨识了区域高质量发展的关键制约因素；在河南省引黄受水区开展了实例应用。第2篇为河南省引黄受水区水利高质量发展评价与调控：基于广大专家学者对"黄河流域高质量发展""水利高质量发展""人水和谐"等方面的研究基础，概述了水利高质量发展的概念与内涵，从水利高质量发展的目标、途径、条件三个方面开展了现状分析；以水资源为主线，构建了水利高质量发展评价指标体系，开展了区域水利高质量发展水平评价；提出了区域水利高质量发展调控模型，辨识了水利高质量发展的关键制约因素；在河南省引黄受水区开展了实例应用。

本书第1篇由张修宇、周莹、毛学民及韩春辉撰写；第2篇由张修宇、郑瑞强和张志强撰写。康金鸽、康惠泽、曹彦坤、李颖博、陈卓、包添豪、曹丹丹、宓金鹏、赵济泽参与了部分研究工作。本书完成过程中得到了华北水利水电大学、郑州大学等单位有关领导、专家的指导，在此一并感谢！

本书的研究工作得到了河南省重大公益科技专项（201300311500）、河南省科技攻关项目（212102311156）、河南省科技研发计划联合基金项目（232103810102）、国家自然科学基金项目（52109017）、水利部黄河流域水治理与水安全重点实验室（筹）研究基金项目（2023－SYSJJ－04）、水利部黄河泥沙重点实验室开放课题基金项目（HHNS202005）的资助。书中部分内容参考或引用的相关研究成果，均已在参考文献中列出。在此，向相关单位、专家一并表示衷心的感谢！

高质量发展研究内容涉及范围广，研究工作仍需不断深化。由于作者水平有限，书中难免存在欠妥、不足之处，敬请广大读者提出宝贵意见。

作者

2024 年 10 月

目录

第 2 篇　河南省引黄受水区水利高质量
发展评价与调控

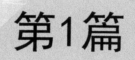

第1篇

河南省引黄受水区高质量发展和谐调控模型构建及应用

第 1 章

绪　　论

本章阐述了河南省引黄受水区高质量发展的研究背景及意义。从高质量发展和谐平衡作用机制、高质量发展和谐平衡理念、高质量发展评价和高质量发展和谐调控 4 个方面综述了国内外相关研究进展。在此基础上，归纳和总结了当前关于高质量发展与水利高质量发展 2 方面研究亟待解决的关键问题，介绍了拟重点开展的主要研究内容及技术路线。

1.1　研究背景及意义

1.1.1　研究背景

黄河流域西接昆仑山、北抵阴山、南倚秦岭、东临渤海，横跨东中西部，是我国重要的生态安全屏障，也是人口活动和经济发展的重要区域，在国家发展大局和社会主义现代化建设全局中具有举足轻重的战略地位。黄河一直"体弱多病"，生态本底差，水资源十分短缺，水土流失严重，资源环境承载能力弱，沿黄各省区发展不平衡不充分的问题尤为突出。综合表现在：

（1）黄河流域最大的矛盾是水资源短缺。上中游大部分地区位于 400mm 等降水量线以西，气候干旱少雨，多年平均降水量 446mm，仅为长江流域的 40%；多年平均水资源总量 647 亿 m^3，不到长江的 7%；水资源开发利用率高达 80%，远超 40% 的生态警戒线。

（2）黄河流域最大的问题是生态脆弱。黄河流域生态脆弱区分布广、类型多，上游的高原冰川、草原草甸和三江源、祁连山，中游的黄土高原，下游的黄河三角洲等，都极易发生退化，恢复难度极大且过程缓慢。环境污染积重较深，水质总体差于全国平均水平。

（3）黄河流域最大的威胁是洪水。水沙关系不协调，下游泥沙淤积、河道摆动、"地上悬河"等老问题尚未彻底解决，下游滩区仍有近百万人受洪水威胁，气候变化和极端天气引发超标准洪水的风险依然存在。

（4）黄河流域最大的短板是高质量发展不充分。沿黄各省区产业倚能倚重、低质低效问题突出，以能源化工、原材料、农牧业等为主导的特征明显，缺乏有较强竞争力的新兴产业集群。支撑高质量发展的人才资金外流严重，要素资源比较缺乏。

（5）黄河流域最大的弱项是民生发展不足。沿黄各省区公共服务、基础设施等历史欠账较多。医疗卫生设施不足，重要商品和物资储备规模、品种、布局亟须完善，保障市场供应和调控市场价格能力偏弱，城乡居民收入水平低于全国平均水平。

2014 年，习近平总书记在中央财经领导小组第五次全体会议上提出"节水优先、空间均衡、系统治理、两手发力"的新时期治水思路。黄河流域环境治理成效显著。2019 年 9 月 18 日，习近平总书记在郑州提出黄河流域生态保护和高质量发展战略（以下简称"高质量发展战略"），在此之后，河南省政府提出"在全流域率先树立河南标杆"，探索富有地域特色的高质量发展新路子。

河南省引黄受水区处于黄河的中下游，位于河南省北部黄河两岸，位于北纬 33°85′～36°10′、东经 110°21′～116°39′，是"一带一路"经济带核心区域，呈承东启西、连贯南北之势，区位优势明显。河南省引黄受水区地处我国地势第二阶梯向第三阶梯过渡带上，地质条件复杂，地层系统齐全，构造形态多样。地势西高东低，地貌类型复杂多样，由中低山地、丘陵过渡到平原。2020 年，河南省引黄受水区常住人口 7409 万人，占河南省的 74.6%，人口密度大；人均水资源量为 214.21m^3，远低于全国平均水平和河南省平均水平，水资源短缺的问题比较严重；城市空气质量较差、地表水污染程度较高、酸雨发生率高、农村环境保护程度整体偏低，生态脆弱的问题比较严重；在伏牛山、太行山东麓北侧常出现暴雨中心，每遇暴雨，极易形成突发性大洪水，造成严重的水土流失，"7·20"特大暴雨引发洪水，河南省引黄受水区中的郑州、焦作、新乡、洛阳、平顶山、济源、安阳、鹤壁、许昌等地区 1366.43 万人受灾，损失惨重，洪水的威胁极大；区域以农业为主导的特征明显，缺乏有较强竞争力的新兴产业集群，低质低效问题突出，高质量发展不充分问题十分严重。

河南省引黄受水区高质量发展不充分的问题十分严峻，自然生态本底脆弱和水资源量有限，不具备承载不合理且规模性扩展的人类活动的能力，尤其是大量超载人口长期靠依附于土地资源的农业维持生计，未得到非农产业化转移。因此，立足国家重大战略，针对河南省引黄受水区的特征，厘清系统间的相互作用关系，评价高质量发展现状，从和谐的角度构建高质量发展调控模型，识别影响高质量发展的关键制约因素，提出区域高质量发展的调控对策，有助于推动河南省引黄受水区实现高质量发展，也有助于在全流域树立标杆作用。

1.1.2 研究意义

1. 理论意义

黄河流域资源、生态等方面问题的日益严重，随着黄河流域生态保护和高质量发展战略的推进和实施如何使黄河流域走上高质量发展道路已经成为一个亟待解决的热点的课题。目前，国内在此课题研究中，研究对象主要集中在单一系统或两两系统之间，研究方向主要围绕系统的匹配发展、协调发展、可持续发展等，并已取得了一定成果，然而针对多系统特别是复合系统的研究相对较少，虽然在系统的高质量发展研究方面政策性研究较多，但针对系统的高质量发展理论机理即系统间和谐平衡关系的研究相对缺乏。本书拟在揭示系统高质量发展和谐平衡作用机制的基础上构建调控模型，并在河南省引黄受水区开展应用研究，具有一定的理论研究价值。

2. 实践意义

目前，关于系统的研究主要使用模糊数学、能值理论、系统动力学、基于和谐度方程的模型方法、遗传算法、神经网络等方法，本书拟将和谐论引入到高质量发展研究中。和谐论的优势在于其提倡采用系统论的理论方法来研究问题，可以解决多个子系统间的科学问题。如何通过和谐论来解决系统间的平衡问题并进行量化，目前还缺少这方面的技术，本书可以为此提供一个新的思路。

3. 现实意义

本书将揭示的高质量发展和谐平衡理论与调控模型技术体系应用于河南省引黄受水区以开展高质量发展和谐调控综合应用，优选出适应于河南省引黄受水区的高质量发展路径和方案，这将对科学指导和促进河南省引黄受水区的高质量发展水平提供有力借鉴，也在全流域起到"树立河南标杆"的作用，具有一定的实际应用价值。

1.2 国内外研究现状

1.2.1 高质量发展和谐平衡作用机制

1. 国内研究现状

从系统的角度开展科学问题的研究已经变得非常普遍，揭示各种系统演化规律以及相互作用关系能够为发展、优化和调控系统提供理论依据。目前，国内针对区域复合系统的研究已有许多。如水资源-生态-经济复合系统，杨莹等对河南省巩义市水资源-经济社会-生态环境复合系统的互馈响应关系进行了分析；韩春辉等对资源-生态-经济复合系统的安全性进行评价；吴青松等科学地评价了塔里木河流域水资源-经济社会-生态环境耦合系统和谐程度，明晰了影响其和谐发展的主要因素；李波等研究了水资源-生态环境-社会经济复合系统的协调发展；王慧亮等构建了黄河流域水资源生态经济可持续发展评价指标体系，评价了黄河流域沿岸各省区的水资源开发利用状况、经济发展状况及水资源生态经济系统的可持续发展状况。如水资源-能源-粮食耦合系统，于磊等针对水资源-能源-粮食耦合系统和谐可持续发展问题开展了耦合系统的时空变化特征分析；彭少明等研究了水资源-能源-粮食的协同优化问题；郝林钢等对水-能源-粮食的纽带关系系统进行了解析。如生态环境与社会经济系统，任祁荣等对甘肃省生态环境与社会经济系统进行了协调发展的耦合分析。

2. 国外研究现状

目前，国外针对区域复合系统的研究已有许多。如水资源-生态-经济复合系统，Sodikov 等研究了农业用地和水资源的生态和经济利用的可持续发展；Liang 等对水源涵养区的水资源-生态-经济系统进行了建模与动态分析；Di 等对水资源生态经济体系的价值流开展了分析；Wang 等对水资源-经济-生态系统复合体开展了耦合协调分析。黄河战略提出后，国外也对高质量背景下的系统关系开展了研究，An 等开展了高质量发展背景下生态与经济的耦合协调分析；Cheng 等对区域生态保护与经济高质量发展的耦合关系进行了评价；Li 等对资源环境承载力与经济高质量发展的耦合协调关系开展了研究；Zhang 等对生态环境与经济高质量发展的耦合协调关系开展了研究。

目前相关研究主要集中在协调发展、可持续发展、和谐发展等方面，针对高质量发展的研究相对较少。

1.2.2　高质量发展和谐平衡理念

高质量发展和谐平衡理念之中的"和谐"起源并兴起于左其亭的人水和谐论，基于人水和谐论等相关理念对水污染物、水环境、最严格水资源管理、水资源-经济社会-生态环境耦合系统、社会科学等方面进行应用研究，并进行人水和谐评价、人水关系博弈、人水关系和谐辨识、人水关系作用机理之间的研究，并在之后对人水和谐论的研究进行总结与展望。多位学者在和谐研究之中进行深入，戴会超等多理论相结合对人水和谐内涵与城市人水和谐度进行研究；李鹏飞等与李可任均以复合系统进行研究，对结果进行安全评价与和谐评价；陆赛等基于 GRA-IECO 协调发展模型进行人水和谐评价，李可任等基于和谐论对黄河下游河段健康进行评价；李红艳等基于人水和谐理论对南水北调中线工程运行效果进行研究；左其亭等构建四大判断准则框架，引入幸福河指数来评价河流的幸福和状态。

1.2.3 高质量发展评价

1. 国内研究现状

起初，国内针对高质量发展的研究主要集中在经济领域。任保平全面构建了新时代高质量发展评判体系。2019 年 9 月 18 日，黄河流域生态保护和高质量发展战略上升为重大国家战略，引起了社会各界的广泛关注，学术界掀起了黄河流域高质量发展研究热潮。夏军总结了黄河流域综合治理与高质量发展的机遇与挑战；张贡生、安树伟、石碧华均研究了黄河流域生态保护和高质量发展的内涵与路径；刘昌明、杨永春总结了高质量发展的研究重点。随着高质量发展概念的进一步应用和研究，更多领域的高质量发展概念被提出并开展研究，比如经济、城市群产业、农业、工业、土地、高校教育、图书馆、文化产业、旅游业、空气质量等，韩宇平等针对我国水利高质量发展水平进行评价研究。随着研究的深入，左其亭从战略实施的需求出发，提出战略实施的研究框架；徐勇等按基底-生态优先、承载-发展约束、驱动-内外关联 3 个逻辑递进环节搭建了黄河流域生态保护和高质量发展国家战略的总体框架；左其亭等构建了高质量发展路径优选研究框架，剖析亟待解决的重点问题和亟待突破的核心技术，从多个方面详细论述路径优选研究关键内容，并初步构想对应研究思路。

起初，关于高质量发展的量化方法研究较为简单，大多采用先构建评价指标体系，后使用熵权法进行评价的方式，如张合林等对黄河流域高质量发展水平进行测度；徐辉等对黄河流域 9 省区进行了测度；张国兴等对黄河流域中心城市的发展水平进行测度。深入研究以后取得了一批成果，刘建华等提出了协同推进"四准则"，在"四准则"基础上构建协同推进量化指标体系，并对黄河流域生态保护和高质量发展协同度进行定量评估；左其亭等提出了高质量发展判断"五准则"，并基于判断准则构建了高质量发展评价指标体系，对黄河流域的高质量发展水平进行评估；张金良等提出了以流域发展指数（Basin Development Index，BDI）为决策依据的流域发展质量综合评估理论，综合评价了流域巨系统演变状态和发展质量；马静等从多个维度构建了黄河流域高质量发展评价指标体系，采用动态因子分析法对黄河流域高质量发展水平进行综合测度，并运用标准差椭圆法分析了黄河流域高质量发展的空间格局特征；朱向梅等构建了多维度引力熵模型，运用社会网络分析方法，对黄河流域高质量发展网络的结构特征进行了分析。

2. 国外研究现状

起初，国外针对高质量发展的研究主要围绕经济高质量发展，Li 等研究了经济高质量发展下的水资源定价模型；Zhang 等研究了经济高质量发展下水资源承载力的时空变化。随着研究的深入，学者开始从全局考虑，从多角度构建评价指标体系，对区域的高质量发展水平开展了时空变异分析，Gao 等构建了黄河流域生态保护与优质发展协调推进的量化指标体系，对黄河流域生态保护与优质发展的协调程度进行定量评价；Lv 从优质开发体系中构建评价指标体系，探讨优质体系的发展程度。

目前，关于高质量发展评价，国内的研究比较成熟，国外相关研究较少。从区域存在的实际问题出发构建评价指标体系的研究较少。

1.2.4　高质量发展和谐调控

1. 国内研究现状

国内关于高质量发展和谐调控的研究还处于起步阶段，大多都是政策性意见。李原园等认为水资源短缺是高质量发展的关键制约因素，应加强流域水资源的调控；张万顺等认为三水统筹协同共治是支撑高质量发展的关键抓手，并提出了三水协同调控作用机制和调控手段策略；张红武等认为水沙调控是高质量发展的有效措施。目前，国内暂时没有学者构建高质量发展和谐调控模型，但关于高质量发展和谐调控研究方面，有学者提出了其他调控方法，李欣运用地理探测器统计学方法探测了高质量发展的核心影响因素，并给出了调控对策；傅伯杰等面向高质量发展国家重大战略需求，研究了人地系统耦合模型，提出流域人地系统统筹优化调控方案；苗长虹等建立分区分级分类调控的新体系。关于和谐调控方面，左其亭等建立了一套人水关系的和谐论理论方法，包括人水关系的系统模拟、和谐评估、和谐调控研究；提出了基于人水和谐调控的水环境综合治理体系框架；将遥感技术与和谐论理论方法相结合，建立了新疆水资源适应性利用配置-调控模型的研究框架。

2. 国外研究现状

国外学者进行高质量发展和谐调控模型研究的较少，现有的调控模型研究大都是针对变化环境对水资源系统的影响、水资源管理、水资源配置等方面。Mostafa 等利用一般循环模型（GCMs）估计未来的气候条件，利用 CROPWAT 8 模型评估气候变化和温度升高对灌溉用水需求的影响，并确定适合适应未来气候变化的灌溉类型，以评估气候变化对埃及水资源的影响；Pankai 等采用参与性方法与计算机模拟建模工具相结合的研究方法，帮助制定沿海管理战略，以减轻极端变化的影响；Kazemi 等制定了一个多目标优化模型，以优化伊朗塞菲德鲁德河流域利益攸关方之间的水资源配置；Garrote 构建了水资源管理政策评估模型；Zuo 等对塔里木河流域 3 种情景下的人水关系进行调控计算，并提出了调控策略。

目前，尚未有高质量发展和谐调控模型的研究。从研究趋势来看，高质量发展需要综合考虑资源承载、经济发展、生态保护、社会幸福的需求，在满足不同维度安全阈值的条件下进行调控模型技术的综合研究，以实现人与自然的和谐发展，而目前针对高质量发展的和谐调控模型研究相对缺乏。从河南省引黄受水区高质量发展重大需求来看，考虑多因素驱动、多条件约束的和谐调控模型是实现河南省引黄受水区高质量发展的关键。因此，亟须基于和谐平衡理论进行河南省引黄受水区高质量发展和谐调控技术研究。

1.3 主要研究内容与技术路线

本书的研究主要分为 2 个篇章，分别为第 1 篇的河南省引黄受水区高质量发展和谐调控模型构建及应用以及第 2 篇的河南省引黄受水区水利高质量发展评价与调控。

1.3.1 主要研究内容

1. 河南省引黄受水区高质量发展和谐调控模型构建及应用

（1）资源-生态-经济-社会系统作用机制。资源-生态-经济-社会系统的作用机制错综复杂，系统中某一因素的改变可能会导致整个系统的和谐平衡状态发生改变，并且系统的和谐平衡状态始终是动态转移的，厘清系统间的高质量发展和谐平衡作用机制是开展河南省引黄受水区高质量发展评价与调控的重要基础。该部分厘清了资源系统、生态系统、经济系统、社会系统各子系统内部的作用关系、各子系统相互之间的影响关系以及资源-生态-经济-社会系统内部的作用机制，系统分析了河南省引黄受水区资源-生态-经济-社会系统中主要相关指标的时空变化趋势。在上述研究基础上厘清了面向高质量发展的资源-生态-经济-社会系统的和谐平衡作用机制。

（2）河南省引黄受水区高质量发展评价。针对河南省引黄受水区资源-生态-经济-社会系统开展高质量发展评价，以满足人民日益增长的美好生活需要为根本目的，以新发展理念为根本理念，以高质量为根本要求，以水为主线、解决实际问题为目标，以系统间存在的迫切问题为关键点，选定 30 个发展指标构建了河南省引黄受水区高质量发展评价量化指标体系。采用层次分析法与熵权法相结合的方法赋权，采用单指标量化-多指标综合-多准则集成的评价方法对河南省引黄受水区的高质量发展水平进行评价。

（3）河南省引黄受水区高质量发展和谐调控模型构建及应用。考虑人类活动、气候变化、技术进步等多因素驱动，资源、生态、经济和社会等多维临界约束，资源-生态-经济-社会系统的和谐平衡作用机制，采用系统动力学的方法构建河南省引黄受水区高质量发展和谐调控模型，并进行模型检验。构建和谐调控模型以后，采用系统与灰色关联分析相结合的方法识别出影响区域高质量发展的关键制约因素，进行和谐调控时首先考虑调整这些关键制约因素，以达到更好的效果。在上述研究的基础上，设置调控情景，利用调控模型调控关键制约因素的数值，最终得出河南省引黄受水区高质量发展路径。

2. 河南省引黄受水区水利高质量发展评价与调控

（1）水利高质量发展概念与内涵及路径分析。根据水利高质量发展的内涵选择水安全保障、水利共享、水资源节约集约利用、水安全系统功能协调、绿色水利发展这 5 个系统基于和谐平衡理论进行量化，构建量化评估方法体系定量评估河南省引黄受水区的水利高质量发展水平。

（2）河南省引黄受水区水利高质量发展评价。根据各子指标对水安全保障、水利共享、水资源节约集约利用、水安全系统功能协调、绿色水利发展的影响，识别影响水利高质量发展的关键制约因素。对高质量发展各子系统进行耦合，测算出系统整体的和谐程度，并分析各个系统的相对发展度，以了解子系统间发展的差异性。

（3）河南省引黄受水区水利高质量发展调控模型构建及应用。以资源、生态、经济、社会等多维临界约束，开展河南省引黄受水区水利高质量发展调控模型及应用研究。构建水利高质量发展路径优选准则，提出基于和谐平衡理论下的优选思路，并提出相应的对策与建议。

1.3.2　技术路线

1. 河南省引黄受水区高质量发展和谐调控模型构建及应用研究总体思路

围绕河南省引黄受水区高质量发展重大需求，针对资源-生态-经济-社会系统，采用和谐论、系统论原理及方法，立足于各子系统之间复杂、变动、竞争的互馈关系及演变规律，考虑高质量发展战略需求，开展高质量发展和谐调控模型研究。首先，剖析了研究区存在的根本性问题，厘清了资源-生态-经济-社会系统的作用机制；然后，以水资源为主线，构建了基于系统的高质量发展评价指标体系，开展了区域高质量发展水平量化研究；其次，构建了区域高质量发展和谐调控模型，并利用和谐调控模型识别出影响区域发展的关键制约因素；最后，将和谐调控模型应用于河南省引黄受水区高质量发展调控中，为提升区域高质量发展水平提出建议。高质量发展技术路线如图 1-1 所示。

2. 河南省引黄受水区水利高质量发展评价与调控研究总体思路

以系统水利高质量发展水平最高为目标，综合考虑水安全保障、水利共享、水资源节约集约利用、水安全系统功能协调、绿色水利发展等多个子目标和谐平衡发展，构建水利高质量发展调控模型，根据最终的调控结果给出最符合河南省引黄受水区的调控措施，以此得到河南省引黄受水区水利高质量发展的最优路径。首先，收集河南省引黄受水区关于水安全保障、水利共享、水资源节约集约利用、水安全系统功能协调、绿色水利发展这 5 方面相关的资料数据并进行分析，根据水利高质量发展的内涵建立水利高质量发展评价指标体系，利用单指标量化-多指标综合-多准则集成方法（SMI-P 法）对水利高质量发展评价指标体系进行处理，权重确定方面以主客观相结合的方式，采用层次分析法与熵权法相结合的方式，确定各指标的权重，加权后得到河南省引黄受水区水利高质量发展的综合程度，并对比发展水平等级评估表，评估得

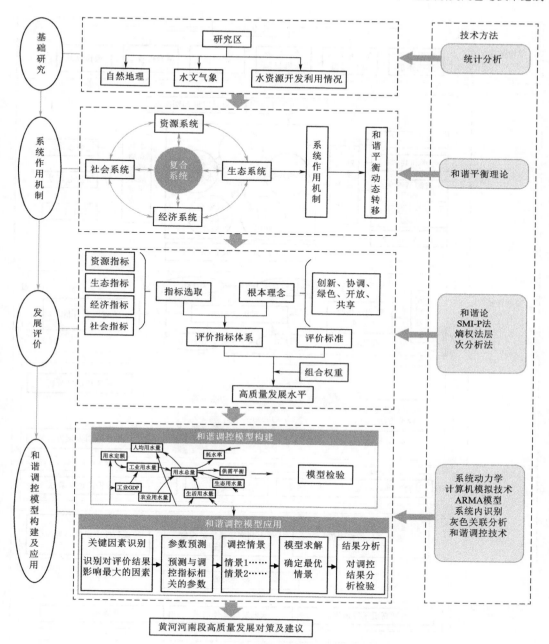

图 1-1 高质量发展技术路线图

到河南省引黄受水区水利高质量发展水平。然后，采用障碍度模型方法对水利高质量发展评价指标体系进行分析，得到影响高质量发展的最主要的因素。其次，根据已有的水利高质量发展评价指标体系采用系统和谐度模型进行处理，得到系统间相互作用程度和系统和谐平衡程度。最后，根据河南省引黄受水区水利高质量发展水平，以及未来发展需求确定调控目标和调控准则。水利高质量发展技术路线如图 1-2 所示。

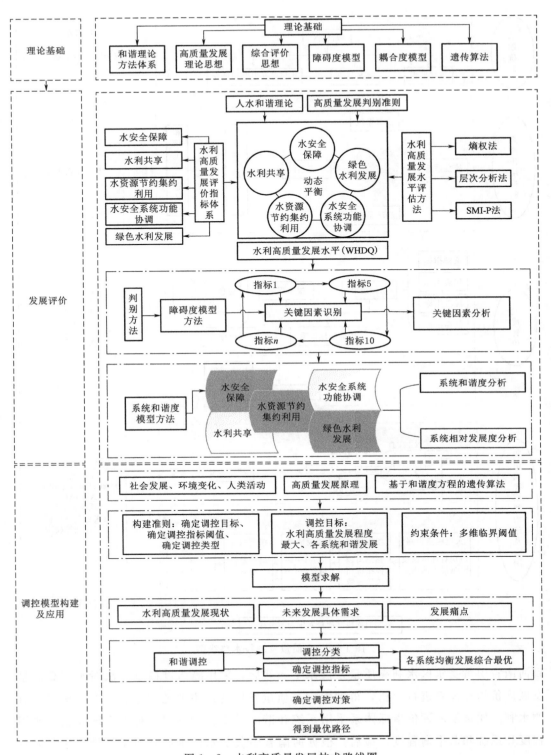

图 1-2　水利高质量发展技术路线图

第 2 章

研 究 区 概 况

　　黄河作为河南省最大的过境河流，境内全长 711 km，从灵宝市进入河南省境内，自西向东流经三门峡、洛阳、济源、焦作、郑州、新乡、开封、濮阳 7 市 1 个示范区 26 县（市、区）。河南省引黄受水区范围，包括郑州、开封、洛阳、平顶山、安阳、鹤壁、新乡、焦作、濮阳、许昌、三门峡、商丘、周口和济源示范区。其中黄河流域包括洛阳、三门峡、济源、郑州、新乡、焦作、濮阳 7 市，面积达 3.62 万 km²，引黄外调供水区面积 6.61 万 km²，总面积 10.23 万 km²，占河南省面积的 61.3%。本书以河南省引黄受水区涉及的 14 个行政区为研究单元开展高质量发展研究。

2.1 自 然 地 理

1. 地理位置

　　河南省引黄受水区位于河南省北部黄河两岸，位于北纬 33°85′～36°10′、东经 110°21′～116°39′，是"一带一路"核心区域，呈承东启西、连贯南北之势，区位优势明显。河南省引黄受水区主要位于暖温带、半湿润半干旱地区，属季风气候，具有明显的过渡性特征，区域年平均气温为 12.1～15.7℃，年降水量为 532～800mm，6—8 月降水量占全年降水量的 50%～60%。在伏牛山、太行山东麓北侧常出现暴雨中心，每遇暴雨，极易形成突发性洪水，造成严重的水土流失。

2. 地形地貌

河南省引黄受水区地处我国地势第二阶梯向第三阶梯的过渡带上，地质条件复杂，地层系统齐全，构造形态多样。地势西高东低，地貌类型复杂多样，由中低山地、丘陵过渡到平原。大致以南水北调中线总干渠为界，其西为山丘区及山丘向平原过渡区，其东大部分为平原区。其中黄河以北为黄卫平原区，黄河以南为豫东黄淮平原区。

3. 河流水系

河南省引黄受水区跨海河、黄河、淮河三大流域。海河流域面积为 1.53 万 km^2，占河南省引黄受水区总面积的 15.0%；黄河流域面积为 3.62 万 km^2，占河南省引黄受水区总面积的 35.4%；淮河流域面积为 5.08 万 km^2，占河南省引黄受水区总面积的 49.7%。河南省引黄受水区主要河流情况见表 2-1。

表 2-1　　　　　　　　　　河南省引黄受水区主要河流情况表

流域名称	河流名称	河流等级	集水面积/km^2	起　点	终点（省界）	长度/km
海河	卫河	一级支流	15230	山西陵川县夺火乡	秤钩湾与漳河汇合处	399
	淇河	二级支流	2142	山西陵川县	浚县刘庄闸入卫河	162
	安阳河	二级支流	1953	林州黄花寺	内黄马固入卫河	160
	马颊河	干流	1135	濮阳金堤闸	河南山东省界	62
黄河	黄河	干流	—	灵宝市泉村	台前县张庄	711
	洛河	一级支流	18881	陕西洛南县终南山	巩义市神北入黄河	445
	涧河	二级支流	1430	三门峡陕州区观音堂	洛阳翟家屯入洛河	104
	伊河	二级支流	6120	栾川县熊耳山	偃师区杨村入洛河	268
	弘农涧河	一级支流	2068	灵宝市芋圆西	灵宝市老城入黄河	88
	蟒河	一级支流	1328	山西杨城	武陟城南入黄河	130
	沁河	一级支流	13532	山西沁源霍山南麓	武陟县南贾入黄河	485
	丹河	二级支流	3152	山西高平市丹珠岭	入沁河	169
	天然文岩渠	一级支流	2514	原阳县王村	濮阳县渠村入黄河	159
	金堤河	一级支流	5047	新乡县荆张	台前张庄闸入黄河	159
淮河	沙河	一级支流	28800	鲁山木达岭	界首	418
	澧河	二级支流	2787	方城四里店	漯河入沙河口	163
	甘江河	三级支流	1280	方城羊头山	舞阳上澧河店入澧河	99
	北汝河	二级支流	6080	嵩县跑马岭	襄城岔口入沙河	250
	颍河	二级支流	7348	登封少室山	周口孙咀入沙河	263
	贾鲁河	二级支流	5896	新密市圣水峪	周口西桥入沙河	276
	双洎河	三级支流	1758	新密市赵庙沟	扶沟摆渡口入贾鲁河	171
	涡河	一级支流	4246	开封市郭厂	鹿邑蒋营	179

续表

流域名称	河流名称	河流等级	集水面积/km²	起　点	终点（省界）	长度/km
淮河	大沙河	二级支流	1246	民权断堤头	鹿邑三台楼	98
	惠济河	二级支流	4125	开封市济梁闸	豫皖交界	167
	浍河	一级支流	1314	夏邑蔡油坊	永城李口集	58
	包河	二级支流	785	商丘张祠堂	安徽宿州	144
	沱河	一级支流	2358	商丘油房庄	豫皖交界	126

研究区高程分布及河流水系分布示意图如图 2-1 所示。

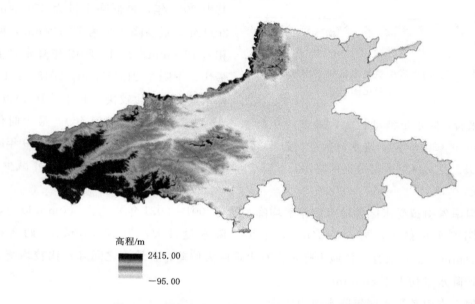

高程/m

2415.00

-95.00

图 2-1　研究区高程分布及河流水系分布示意图

2.2 水 文 气 象

1. 气温

2001 年以来，河南省引黄受水区年平均气温呈显著波动上升趋势，平均每 10 年升温达 0.4℃，高于全国平均水平（0.24℃/10 年）及黄河流域平均水平（0.31℃/10 年）。豫北西部、豫中大部和豫东南升温达 0.20℃/10 年，其中周口最大，升温达 0.39℃/10 年。

2001 年以来，河南省引黄受水区年平均最低气温呈显著上升趋势，平均每 10 年升温幅度为 0.36℃，高于全国平均水平（0.32℃/10 年）。豫北西部、沿黄南部郑州—开封一带、洛阳局部和豫东南部分地区每 10 年升温在 0.4℃以上，其中洛阳最大，升温达 0.69℃/10 年；豫西西部、豫北东部和中东部局部地区每 10 年升温在 0.2℃以下。

河南省引黄受水区年平均气温历年变化如图 2-2 所示。

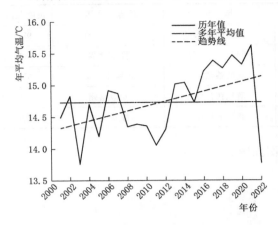

图 2-2　河南省引黄受水区年平均气温历年
变化图

2. 降水量

河南省引黄受水区降水量呈弱减少趋势，平均每 10 年减少 34.2mm，近 10 年年降水量略低于或稍高于常年值。河南省引黄受水区降水量年际变化大，年平均值为 648.4mm。从年际来看，河南省引黄受水区 2001—2021 年降水量极不均匀，其中 2019 年，最低降水量为 659.24mm，2011 年，最高降水量为 731.84mm，两者相差 72.6mm。2011—2012 年降水量下降最快，下降了 219.38mm，2018—2019 年降水量下降也比较快，下降了 161.83mm。

总体来看，降水量波动较大，最多时年降水量达 1157.785mm（2021 年），最少时仅有 504.5mm（2013 年）。降水日数平均为 81.6 天，受水区降水日数显著减少，每 10 年减少 0.16 天。受水区绝大部分地区降水日数减少，其中洛阳和三门峡的局部每 10 年减少 3～3.5 天。

河南省引黄受水区各地市多年平均降水量（2001—2021 年）均在 500mm 以上，其中安阳降水量最小，为 607.34mm，平顶山降水量最大，为 786.75mm，两者相差 179.41mm。总体来看，各地市降水没有出现巨大偏差，各地市之间降水比较均衡，多年平均降水量均大于 600mm。

河南省引黄受水区年降水量历年变化如图 2-3 所示。

3. 蒸发量

河南省引黄受水区年蒸发量明显减少，每 10 年减少 88.4mm，最大年蒸发量达 2355.8mm（1966 年），最小年蒸发量为 1236.6mm（2003 年）。河南省引黄受水区年蒸发量除鹤壁局部略有增加外，其余地区均呈减少趋势，其中豫北东部、豫中及豫东大部每 10 年减少在 100mm 以上，新乡、开封、商丘、周口局部每 10 年减少超过 200mm。

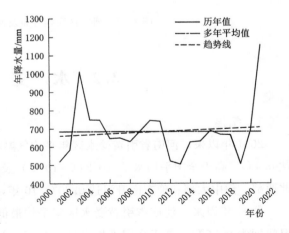

图 2-3　河南省引黄受水区年降水量历年
变化图

2.3 水资源开发利用

1. 供水量

2010—2020年，河南省引黄受水区总供水量为160.16亿~182.84亿m³，年均173.96亿m³，整体呈稳定缓慢增长趋势。总供水量中，地表水多年平均供水量73.67亿m³，占总供水量的42.4%；地下水多年平均供水量97.03亿m³，占总供水量的55.8%；其他水多年平均供水量3.26亿m³，占总供水量的1.9%。河南省引黄受水区现状供水量统计见表2-2。

表2-2　　　　　　河南省引黄受水区现状供水量统计表　　　　单位：亿m³

年　份	地表水	地下水	其他水	合　　计
2010	60.30	107.86	0.87	169.03
2011	67.55	102.10	0.88	170.53
2012	71.99	105.96	0.92	178.87
2013	72.83	109.27	0.74	182.84
2014	65.46	93.42	1.29	160.17
2015	72.71	95.26	1.54	169.51
2016	74.31	96.31	2.72	173.34
2017	82.21	92.03	4.61	178.85
2018	78.63	92.38	5.71	176.72
2019	83.29	88.79	7.19	179.27
2020	81.10	83.99	9.35	174.44
平均	73.67	97.03	3.26	173.96

（1）地表水供水。河南省引黄受水区地表水由当地地表水、引黄水、南水北调水组成。

1）当地地表水。由于河南省引黄受水区河流水系多发源于山丘区，缺乏控制工程，当地地表水开发利用难度大，多年平均供水量18.84亿m³，占地表水供水总量的25.8%，占总供水量的10.8%。

2）引黄水。根据国务院批复的黄河"八七"分水方案，河南省黄河耗水指标为55.4亿m³，其中干流35.67亿m³、支流19.73亿m³（伊洛河14.87亿m³、沁河3.86亿m³、金堤河及天然文岩渠1亿m³）。2010—2020年河南省多年平均引黄供水量为50.47亿m³，其中干流34.02亿m³、支流16.45亿m³是河南省经济发展依赖的主要水源。河南省引黄供水情况见表2-3。

表 2-3   河南省引黄供水情况表   单位：亿 m³

年 份	供水量（耗水指标）		
	干 流	支 流	合 计
1998			29.54
1999	21.93	12.64	34.57
2000	18.77	12.70	31.47
2001	18.85	8.57	27.42
2002	22.77	13.24	36.01
2003	21.78	6.47	28.25
2004	20.89	5.18	26.07
2005	21.75	7.57	29.32
2006	22.68	15.09	37.77
2007	24.00	9.64	33.64
2008	24.87	14.56	39.43
2009	26.93	16.43	43.36
2010	33.20	10.90	44.10
2011	34.22	17.73	51.95
2012	40.81	13.05	53.86
2013	38.51	14.72	53.23
2014	32.18	14.60	46.78
2015	28.62	15.69	44.31
2016	29.00	14.21	43.21
2017	34.40	15.32	49.72
2018	29.70	19.78	49.48
2019	35.37	17.97	53.34
2020	38.16	27.02	65.18
2010—2020 平均	34.02	16.45	50.47
2017—2020 平均	34.33	19.31	53.64

注：1. 黄河耗水总量采用黄河水资源公报数据。
    2. 干流耗水数据采用河南省水资源公报数据和河南省河务局数据复核，因河南省河务局数据不含三门峡用水情况。当河南省水资源公报的干流数据大于河南省河务局数据时采用河南省数据；其小于河南省河务局数据时采用河南省河务局数据。支流数据采用耗水总量减干流数据测算。

3）南水北调水。国家分配河南省南水北调中线一期工程多年平均用水指标为 37.69 亿 m³，扣除引丹灌区分水量 6 亿 m³ 和总干渠输水损失，城市口门分配水量 29.94 亿 m³，供水目标为城市生活用水。自 2014 年 12 月南水北调中线一期工程通水以来，河南省累计供水 67.71 亿 m³（最大供水量为 2019 年的 24.23 亿 m³）。河南省引黄受水区 13 个省辖市和 1 个示范区中，有 9 个省辖市的 3 个市区 14 个县市也属于南水北调受水区，年分配水量 23.96 亿 m^3，2015—2019 年河南省引黄受水区累计供水 51.41 亿 m^3（最大供水量为 2019 年的 14.61 亿 m^3）。随着配套工程的逐渐完善和城乡供水一体化建设，预计 2025 年南水北调分配水量将完全消纳。河南省南水北调供水情况见表 2-4。

表 2-4　　　　　　　　河南省南水北调供水情况表　　　　　　单位：亿 m^3

范围	分配水量	2015 年	2016 年	2017 年	2018 年	2019 年	累计
河南省	29.94	4.06	8.25	12.84	18.33	24.23	67.71
河南省引黄受水区	23.96	3.92	7.28	11.13	14.47	14.61	51.41

（2）地下水供水。社会经济的快速增长导致用水量增加，地下水开采量规模迅速扩大，2013 年河南省地下水开采量接近 140 亿 m^3，开采系数达 1.4，地下水在支撑经济社会发展的同时面临着超采等生态环境问题。2014 年以后，随着最严格水资源管理制度的实施及南水北调中线一期工程建成通水，地下水开采量逐渐缓慢下降，河南省引黄受水区地下水供水量由 2010 年的 107.86 亿 m^3 下降到 2020 年的 83.99 亿 m^3，但与区域地下水可开采量相比，仍处于超采状态。

（3）其他水供水。其他水供水主要指中水回用和雨洪水利用，河南省引黄受水区其他水供水量呈逐年增加趋势，由 2010 年的 0.87 亿 m^3 增加到 2020 年的 9.35 亿 m^3，年均增长 97%。

2. 用水量

近 10 年来，河南省引黄受水区总用水量为 163.50 亿～180.86 亿 m^3。2011—2020 年年均用水量按用途分类如下：生活用水量 27.57 亿 m^3，占总用水量的 15.7%；工业用水量 40.36 亿 m^3，占总用水量的 23.0%；农业用水量 93.84 亿 m^3，占总用水量的 53.6%；生态用水量 13.41 亿 m^3，占总用水量的 7.7%。

2011—2020 年年均引黄水 49.56 亿 m^3。其中，生活用水量 4.19 亿 m^3、工业用水量 7.48 亿 m^3、农业用水量 32.32 亿 m^3、生态用水量 5.57 亿 m^3，分别占引黄总量的 8.5%、15.1%、65.2%、11.2%。

河南省引黄受水区现状用水量统计见表 2-5。

表 2-5　　　　　　　　河南省引黄受水区现状用水量统计表　　　　　单位：亿 m^3

年份	生活	工业	农业	生态	合计	其中：引黄水				
						生活	工业	农业	生态	合计
2011	23.97	44.14	97.45	9.63	175.19	4.62	10.21	35.72	1.40	51.95
2012	24.22	48.24	92.79	10.00	175.25	4.48	8.98	34.51	5.89	53.86
2013	25.17	46.89	96.41	5.21	173.68	4.31	8.90	33.89	6.13	53.23

年份	生活	工业	农业	生态	合计	其中：引黄水				
						生活	工业	农业	生态	合计
2014	25.36	42.33	105.58	5.01	178.28	3.84	7.74	29.98	5.22	46.78
2015	26.65	40.96	87.47	8.42	163.50	3.69	7.36	28.74	4.52	44.31
2016	28.17	39.41	93.49	11.14	172.21	3.52	6.78	28.86	4.05	43.21
2017	29.66	40.09	94.63	15.91	180.29	4.31	7.02	31.33	7.06	49.72
2018	30.12	39.56	93.20	17.98	180.86	4.38	6.52	32.09	6.49	49.48
2019	30.76	34.87	89.05	23.22	177.90	4.85	6.21	37.17	5.11	53.34
2020	31.57	27.10	88.28	27.57	174.52	3.92	5.10	30.87	9.87	49.76
平均	27.57	40.36	93.84	13.41	175.18	4.19	7.48	32.32	5.57	49.56

3. 外调水可利用量

除当地地表水、地下水资源以外，还有可供引用的外调水，主要来源为黄河、南水北调中线工程、引江济淮工程等，其开发利用受分配水量指标的制约。按水量分配指标统计，河南省引黄受水区外调水量为 87.87 亿 m³，占河南省外调水总量的 83.2%。其中：黄河干流分配水量指标 35.67 亿 m³，黄河支流分配水量指标 19.73 亿 m³；南水北调中线工程分配水量指标 23.97 亿 m³；引江济淮工程分配水量指标 5.00 亿 m³；引漳河、岳城水库分配水量指标 3.50 亿 m³。

4. 用水效率

2020 年河南省万元国内生产总值（Gross Domestic Product，GDP）用水量 43.1m³，万元工业增加值用水量 20.0m³（含火电），农田灌溉水有效利用系数为 0.617。总体来看，河南省节水成效位居全国前列，但与国际先进水平和国内先进省份相比，仍存在一定的提升空间。

河南省引黄受水区整体水资源利用效率不高，各地级市水资源利用效率差异较大。商丘、许昌、平顶山的水资源利用效率较高，濮阳、新乡、济源的水资源利用效率较低，其余各地级市的水资源利用效率处于中等水平。

提升区域整体水资源利用效率，首先应提升生态用水效率、提高污水集中处理率和中水回用水平，其次应提高农业用水效率、生活用水效率、GDP 用水效率，最后应提高工业用水效率。总体来讲，水资源节约集约利用是在节约用水、保障生活用水、兼顾生态用水的前提下，用有限的水资源创造出更大的效益，实现水资源的高效利用。

主要用水指标对比见表 2-6。

表 2-6 主要用水指标对比表

行政分区	万元 GDP 用水量/(m³/万元)	万元工业增加值用水量/(m³/万元)	农田灌溉水有效利用系数
河南	43.1	20.0	0.617
陕西	34.6	12.3	0.579
安徽	69.4	68.9	0.551
湖北	64.2	54.5	0.528
山西	44.6	20.5	0.546
河北	41.2	18.4	0.551
全国	57.2	32.9	0.565

资料来源：2020 年度《中国水资源公报》

2.4 高质量水安全保障

河南省引黄受水区人均生活用水量变化如图 2-4 所示。

由图 2-4 可以看出，河南省引黄受水区人均生活用水量呈现为先升后降趋势，之后呈现为不断波动的状态。2014—2019 年呈现为在波动中上升的趋势，这也反映出随着人们的生活水平不断提高，人均水资源量也随之不断增加，在一定程度上体现出人民水安全保障程度的不断提升。

河南省引黄受水区万元 GDP、工业、农业用水量变化如图 2-5 所示。

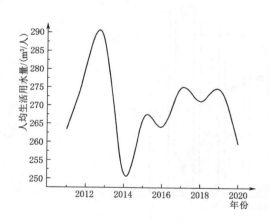

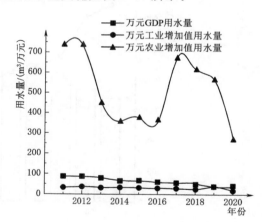

图 2-4 河南省引黄受水区人均生活用水量变化图

图 2-5 河南省引黄受水区万元 GDP、工业、农业用水量变化图

由图 2-5 可以看出，河南省引黄受水区万元 GDP、工业、农业与用水量之间的关系变化，其中万元 GDP 用水量与万元工业增加值用水量契合度较高，体现了工业经济贡献是整体经济的重要支柱。工业与农业相比可以看出，工业产出可以利用较少的水资源量来得到较高的经济效益，农业与工业相比较弱，需要较多的水资源才能得到相

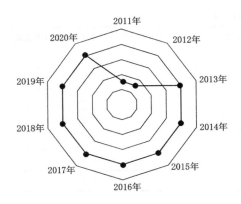

图 2-6　河南省引黄受水区耕地
灌溉率变化图

等的经济效益。2011—2020 年，万元农业增加值用水量呈现为不断波动的趋势，最高可以达到 733m³/万元，最低为 268m³/万元，这可能与天气、用水效率等方面有一定的关系，同时侧面说明，农业方面的用水效率也需要一定的稳定与提升。

河南省引黄受水区耕地灌溉率变化如图 2-6 所示。

由图 2-6 可以看出，除 2011 年、2012 年外，河南省引黄受水区耕地灌溉率均在 95％以上，灌溉程度可以保持在一个较高的水平，也在一定程度体现了农业方面的水资源保障程度。

2.5　高质量水利共享

河南省引黄受水区人均 GDP 与居民恩格尔系数变化如图 2-7 所示。

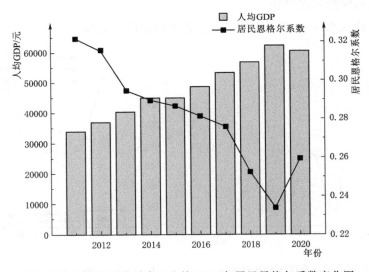

图 2-7　河南省引黄受水区人均 GDP 与居民恩格尔系数变化图

由图 2-7 可以看出，河南省引黄受水区居民恩格尔系数整体呈现为不断下降的趋势，这说明人民在食物方面的支出占自身总收入的比值越来越小，一定程度上体现出人民的生活水平在不断提高，最基本的食物需求得到了满足。2011—2019 年，人均 GDP 呈现为稳步上升的趋势，这也在侧面与居民恩格尔系数的下降相契合，但在 2019 年出现了转折，这与 2019 年底突然爆发的新冠疫情有着十分紧密的联系，疫情暴发使社会在一段时间内处于静默状态，经济效益受到了明显的影响。

河南省引黄受水区高质量水利共享体现如图 2-8 所示。

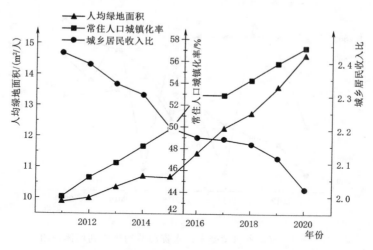

图 2-8 河南省引黄受水区高质量水利共享体现图

由图 2-8 可以看出，人均绿地面积呈现为不断上升的趋势，从 2011 年的 9.88m²/人增加至 2020 的 14.64m²/人，增长率达到 48%。常住人口城镇化率也呈现为稳步上升的趋势，自 2011 年的 43.46% 增加至 2020 年的 57.16%。城乡居民收入比自 2011 年的 2.42 减少至 2020 年的 2.01，降低了 0.41，表明城镇居民与农村居民的生活水平差距正在逐年减小。常住人口城镇化率与人均绿地面积的逐年增加均能体现出人民外在的生活环境正在慢慢变好，均从侧面体现出高质量水利共享方面的成果。

2.6 水资源节约集约利用

河南省引黄受水区水资源节约集约利用体现如图 2-9 所示。

由图 2-9 可以看出，人均综合用水量整体呈现为不断波动的趋势，有一定的下降趋势，人均综合用水量的下降趋势在一定程度上体现出河南省引黄受水区在水资源节约集约利用方面的工作成果。工业用水重复利用率呈现为稳步上升的趋势，最高能达到 85%，最低为 60%，2011—2020 年年均工业用水重复利用率为 70.5%，这表明河南省引黄受水区在工业用水节约集约利用方面的效果十分直观。2011—2020 年，农作物复种指数呈现为在波动中略有下降的趋势，从 2011 年的 1.69 降至 2020 年的 1.64，10年间下降了 0.05，农作物复种指数的逐年下降也与近 10 年大量农村居民到城市务工以及有些年份出现极端天气具有一定联系，这从侧面体现出了农业方面的资源利用还有一定的提升空间。

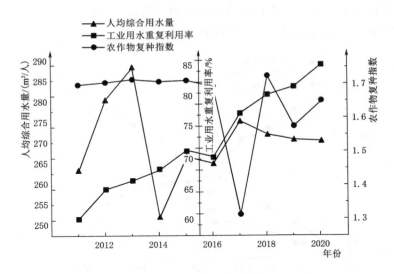

图 2 - 9　河南省引黄受水区水资源节约集约利用体现图

2.7　水资源优化配置

河南省引黄受水区水资源优化配置体现如图 2 - 10 所示。

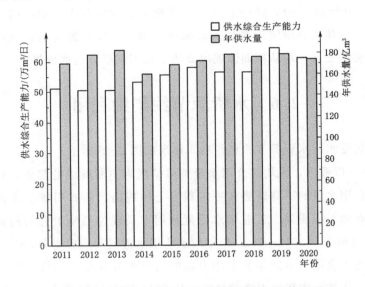

图 2 - 10　河南省引黄受水区水资源优化配置体现图

　　由图 2 - 10 可以看出，2011—2020 年，供水综合生产能力总体上呈现为不断上升的趋势，体现出供水综合生产能力方面的保障能力在不断上升，2013 年最低为

50.74 万 m^3/d，2019 年最高为 64.39 万 m^3/d，相差 13.65 万 m^3/d。2011—2020 年，年供水量呈现为不断波动的趋势，2014 年最低为 160.13 亿 m^3，2019 年最高为 179.26 亿 m^3，相差 19.13 亿 m^3。

2.8 水利基础设施建设

河南省引黄受水区水利基础设施建设水平体现如图 2-11 所示。

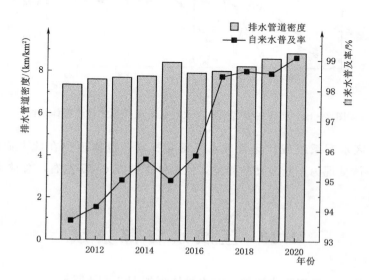

图 2-11 河南省引黄受水区水利基础设施建设水平体现图

由图 2-11 可以看出，2011—2020 年，排水管道密度保持缓慢的增长趋势，从 2011 年的 7.35km/km² 增加至 2020 年的 8.92km/km²，平均每年增长 0.157km/km²。2011—2020 年，自来水普及率呈现为稳步上升的趋势，由 2011 年的 93.65％增长至 2020 年的 99.1％。排水管道密度与自来水普及率的增加均能体现出水利基础设施建设呈现为逐年完善的水平，在一定程度上更加体现了基础设施的完善。

2.9 水利系统现代化管理

河南省引黄受水区水利系统现代化管理水平体现如图 2-12 所示。

由图 2-12 可以看出，2011—2020 年，建成区绿化覆盖率呈现为在波动中上升的趋势，从 2011 年的 38.51％增长至 2020 年的 42.47％，增长了 3.96％。2011—2020 年，生活垃圾无害化处理率呈现为稳步上升的趋势，从 2011 年的 90.83％增长至 2020 年的 99.84％。建成区绿化覆盖率与生活垃圾无害化处理率的增长，一定程度体现出河

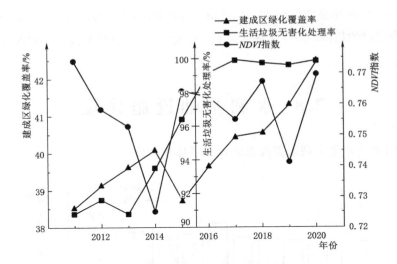

图 2-12 河南省引黄受水区水利系统现代化管理水平体现图

南省引黄受水区水利系统现代化管理水平逐年提高，也体现出在此方面的工作成果。
NDVI 指数整体呈现为不断波动的趋势，但总体保持在 0.75 左右，总体来说仍存在一
定的进步空间。

2.10 区 域 水 资 源 禀 赋

河南省引黄受水区正面水资源禀赋水平体现如图 2-13 所示。

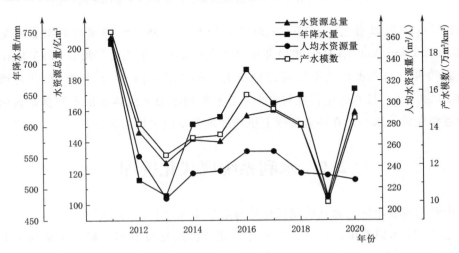

图 2-13 河南省引黄受水区正面水资源禀赋水平体现图

由图 2-13 可以看出，水资源总量处于不断波动的状态，但总体来说处于一个较低

水平。2011—2020 年，年降水量呈现为剧烈波动的状态，整体趋势上与水资源总量大致相同，也体现出两者一定的相关关系，2011 年年降水量最高，达到 731.83mm，2013 年，最低达到 488.39mm。2011—2013 年，人均水资源量下降较大，2013—2020年表现为不断波动的状态。2011—2020 年，产水模数呈现为剧烈波动的状态，2011 年达到最高，为 19.25 万 m^3/km^2，2019 年最低，具体为 9.92 万 m^3/km^2。从水资源总量、年降水量、人均水资源量、产水模数这几方面可以看出，正面水资源禀赋情况处于每年都在减少的状态。

人均耕地面积反映了河南省引黄受水区农业发展和人口密度的关系。人均耕地面积越高，说明该区域农业发展越缓慢、人口密度相对越低，区域水资源禀赋支撑程度越高。第三产业占比反映了该区域经济结构和水资源利用的关系，第三产业占比越高，说明该区域经济结构的比重及水资源利用效率相对越高，区域水资源禀赋支撑程度越高。人口密度反映了该区域人口分布和水资源利用的关系，人口密度越低，说明该区域人口分布相对越稀疏，区域水资源禀赋支撑程度越高。

河南省引黄受水区侧面水资源禀赋水平体现如图 2-14 所示。

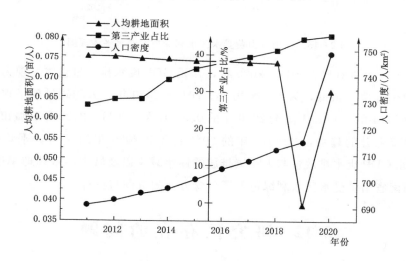

图 2-14　河南省引黄受水区侧面水资源禀赋水平体现图

由图 2-14 可以看出，2011—2020 年，人均耕地面积整体上呈现为不断下降的趋势。2011—2020 年，第三产业占比情况呈现为不断上升的趋势，从 2011 年的 26.36%增长至 2020 年的 45.45%，平均每年增长 1.91%。2011—2020 年，人口密度呈现为快速上升的趋势，从 2011 年的 691 人/km^2 增长至 2020 年的 748 人/km^2。人均耕地面积的不断减少、第三产业占比与人口密度的逐年增加，均体现出河南省引黄受水区侧面水资源禀赋水平的变化。

2.11　水利绿色发展

河南省引黄受水区水利绿色发展水平体现如图 2-15 所示。

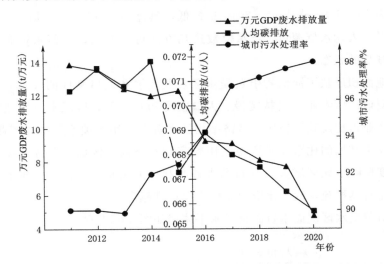

图 2-15　河南省引黄受水区水利绿色发展水平体现图

由图 2-15 可以看出，2011—2020 年，万元 GDP 废水排放量整体呈现为不断下降的趋势，2020 年降至最低，为 4.73t/万元。2011—2020 年，人均碳排放呈现为下降的趋势，从 2011 年的 0.07t/人降至 2020 年的 0.065t/人。2011—2020 年，城市污水处理率呈现为稳步上升的趋势，自 2011 年的 90% 上升至 2020 年的 98%，平均每年增长0.8%。万元 GDP 废水排放量与人均碳排放的逐年减少以及城市污水处理率逐年增高，均体现出河南省引黄受水区水利绿色发展理念方面的贯彻与执行。

2.12　研究区存在的问题

1. 水资源承载压力大

当前，河南省引黄受水区常住人口为 7372 万人，占河南省的 74.6%，人口密度大，然而，人均水资源量为 214.21m³，远低于全国平均水平和河南省平均水平，水资源短缺的问题仍比较严重。

2. 地下水超采

当前，河南省引黄受水区地下水开采量为 92.38 亿 m³，占总用水量的 52.27%。地下水开采程度达到 80%，开采程度较高，安阳、鹤壁、焦作、濮阳、开封等豫北、豫东平原开采程度达到 120%～140%。河南省 14 个浅层水超采区总面积为 14195km²，其中位于引黄受水区的 11 个超采区面积为 $13253km^2$，占河南省浅层水超采区面积的 93.4%；河南省 7 个深层承压水超采区总面积为 $27996km^2$，其中位于引黄受水区的 6 个超采区面积为 $27361m^2$，占河南省深层承压水超采区面积的 97.7%；河南省 4 个岩溶水超采区，全部位于引黄受水区，超采区面积为 $5471km^2$。

3. 洪水威胁大

在伏牛山、太行山东麓北侧常出现暴雨中心，每遇暴雨，极易形成突发性大洪水，造成严重的水土流失。"7·20"特大暴雨引发洪水，河南省引黄受水区中的郑州、焦作、新乡、洛阳、平顶山、济源、安阳、鹤壁、许昌等地区 1366.43 万人受灾，造成了惨重的损失，洪水的威胁极大。

4. 生态环境脆弱

城市空气质量较差、地表水污染程度较高、酸雨发生率高、农村环境保护程度整体偏低，生态脆弱的问题依旧比较严重。河南省气象局专家分析认为，河南省引黄受水区未来仍面临生态风险增加、极端旱涝增加致使防汛抗旱形势严峻、短时强降水导致山洪地质灾害风险增大、水土流失治理难度增加等问题。

5. 产业结构单一

河南省引黄受水区以农业为主导的特征明显，产生结构单一，缺乏有较强竞争力的新兴产业集群，低质低效问题突出，高质量发展不充分问题十分严重。

总结发现，当前河南省引黄受水区所面临的严峻问题，归结起来就是资源-生态-经济-社会系统的问题。因此，应立足国家重大战略，以河南省引黄受水区为研究区域，以资源-生态-经济-社会系统为研究对象，厘清系统间的相互作用关系，评价高质量发展现状，从和谐的角度构建高质量发展调控模型，识别影响高质量发展的关键制约因素，提出区域高质量发展的调控对策，这有助于推动河南省引黄受水区实现高质量发展。

第 3 章

资源-生态-经济-社会系统作用机制

　　资源、生态、经济、社会是河南省引黄受水区高质量发展的重要支撑，高质量发展与资源-生态-经济-社会系统之间的作用机理错综复杂，厘清系统间的高质量发展和谐平衡作用机制是开展河南省引黄受水区高质量发展评价与调控的重要基础。本章厘清了资源系统、生态系统、经济系统、社会系统各子系统内部的作用关系、各子系统相互之间的影响关系以及资源-生态-经济-社会系统内部的作用机制，系统分析了河南省引黄受水区资源、生态、经济、社会系统中相关指标的时空变化趋势。在此基础上厘清了面向高质量发展的资源-生态-经济-社会系统的和谐平衡作用机制。

3.1　资源-生态-经济-社会系统互馈关系

3.1.1　资源系统作用机制及特征分析

3.1.1.1　资源系统作用机制

　　资源系统可承载是生态系统健康、经济系统发展、社会系统稳定的基础保障。资源系统主要包括水资源、土地资源以及粮食资源等。资源系统关系如图 3-1 所示。
　　水资源主要包括供水和用水。供水主要由地表水、地下水、中水回用共同组成。用水从行业用水来划分，主要包括工业、农业、生活、生态用水。工业用水主要由工

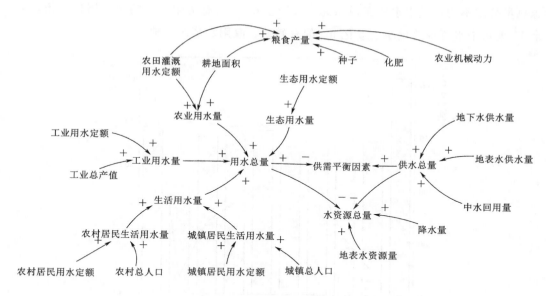

图 3-1 资源系统关系图

业用水定额和工业总产值来决定，工业生产规模的扩大会带来更多产值，也必定会消耗更多的水资源、能源、矿产资源等；工业节水技术的发展会提高工业用水效率，促进工业用水量的减少。农业用水由农田灌溉用水定额和耕地面积来决定，耕地面积越大，农业用水就越多；节水灌溉的推广，促进农田以最低限度的用水量获得最大的产量或收益，能够有效减少农业用水。生活用水包括农村居民生活用水和城镇居民生活用水，农村居民生活用水由农村居民用水定额和农村总人口决定，城镇居民生活用水由城镇居民用水定额和城镇总人口决定，人口越多，居民生活用水量就越多；居民节水意识的提高以及节水器具的发展，促进居民生活用水量的减少。生态用水由生态用水定额决定，当前社会处于高速发展阶段，人民日益增长的美好生活需要对生态环境有了更高的要求，因此生态用水量势必会逐渐增多。当用水量过大时，可以通过调整用水定额来反向调整用水总量。

土地资源主要分析耕地面积，河南省是我国的农业大省，要坚决扛稳粮食安全重任，耕地能从客观上为粮食增产创造条件。粮食产量不仅与耕地面积相关，还受种子、农田灌溉用水定额、化肥、农业机械动力等因素的影响。

3.1.1.2 资源系统特征分析

1. 水资源总量

河南省引黄受水区各地市中周口的多年平均水资源总量最高，为 21.85 亿 m³，鹤壁的最低，为 2.61 亿 m³，相差 19.24 亿 m³，相差巨大。2011—2020 年河南省引黄受水区水资源总量如图 3-2 所示，从图 3-2 中可以看出，河南省引黄受水区各地市水资源总量分配不均，其中水资源总量超过 15 亿 m³ 的只有洛阳、三门峡、周口 3 市，其余 11 地市中水资源总量小于 5 亿 m³ 的有鹤壁、濮阳、济源 3 地。

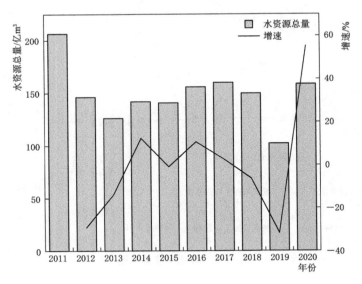

图 3-2　2011—2020 年河南省引黄受水区水资源总量

2011—2020 年，河南省引黄受水区水资源总量均在 100 亿 m³ 以上，水资源总量最小的年份是 2019 年，其水资源总量为 102.25 亿 m³，水资源总量最大的年份是 2011年，其水资源总量为 206.5 亿 m³。2011—2012 年、2018—2019 年水资源下降幅度较大，水资源上升幅度最大的是 2019—2020 年，上升了 54.46 亿 m³。

2. 人均水资源量及人均用水量

2011—2020 年，河南省引黄受水区各地市中三门峡的多年平均人均水资源量最高，为 612.38m³，郑州人均水资源量最低，为 86.50m³，除三门峡、济源外，其余 12 市的

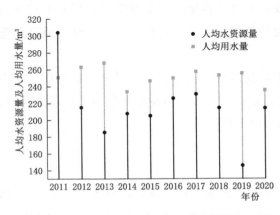

图 3-3　2011—2020 年河南省引黄受水区人均
水资源量及人均用水量

人均水资源量均小于 300m³，其中人均水资源量在 200m³ 以下的有郑州、开封、安阳、鹤壁、新乡、濮阳、许昌 7地。2011—2020 年河南省引黄受水区人均水资源量如图 3-3 所示，总体来看，人均水资源量呈下降趋势，虽然中间也有几年处于上升趋势，但是 2020年与 2011 年相比下降了 89.56m³，尤其是 2013 年与 2019 年下降最快，分别下降了 88.66m³、68.79m³。2012—2018 年稳中有升的趋势，但是由于

2012 年、2019 年人均水资源量突降过多，所以总体处于下降趋势。

2011—2020 年，河南省引黄受水区各地市中濮阳的多年平均人均用水量最多，为 410.37m³，许昌的最低，为 190.33m³，相差 220.04m³。其中人均用水量高于 300m³ 的地市有开封、新乡、焦作、濮阳、济源 5 市，低于 200m³ 的地市有许昌、三门峡，各市之间的差距比较明显。2011—2020 年河南省引黄受水区人均用水量如图 3-3 所示，总体来看，历年人均用水量均高于 251.42m³，且年际之间波动较大，2013—2014 年最为明显，2013 年的人均用水量为 287.64m³，2014 年的人均用水量为 251.42m³，急剧下降了 36.42m³。

3. 能源消耗量

2011—2020 年，河南省引黄受水区各地市多年平均人均能源消耗量除济源外均小于 6kgce/人。人均能源消耗量最高的济源其人均能源消耗量为 11.65kgce/人，人均能源消耗量最低的城市周口其人均能源消耗量为 0.91kgce/人，两者相差 10.74kgce/人，差距较大。

2011—2020 年河南省引黄受水区能源消耗情况如图 3-4 所示，总体来看，人均能源消耗量处于上升趋势，由 2011 年的 3.21kgce/人增长至 2020 年的 3.86kgce/人，10 年之间上升了 0.65kgce/人，即上升了 20.24%。2011—2014 年人均能源消耗量的上升趋势比较明显，到 2015 年之后出现了略微的下降趋势，但其下降幅度对总体的上升趋势影响并不大，预计 2020 年以后河南省引黄受水区人均能源消耗量会有小幅的上升。

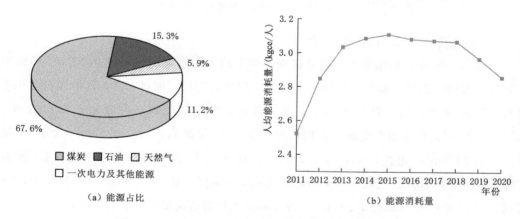

（a）能源占比   （b）能源消耗量

图 3-4   2011—2020 年河南省引黄受水区能源消耗情况

4. 用电量

2011—2020 年，河南省引黄受水区各地市多年平均全社会用电量分布极不均匀，其中郑州全社会用电量最高，为 516.31 亿 kW·h，约为全社会用电量最低城市鹤壁的 10 倍。河南省引黄受水区中各地市全社会用电量大于 300 亿 kW·h 的城市有郑州、洛阳、安阳、新乡、焦作 5 市。

2011—2020 年河南省引黄受水区全社会用电量如图 3-5 所示，总体来看，全社会用电量处于稳定上升状态，除 2015 年较 2014 年和 2020 年较 2019 年下降外，其他年份都处于上升状态。由 2011 年的 2252.84 亿 kW·h 增长至 2020 年的 2848.5 亿 kW·h，10 年之间上升了 595.66 亿 kW·h，即上升了 26.4%，这 10 年之间全社会用电量处于 2000 亿～3000 亿 kW·h。

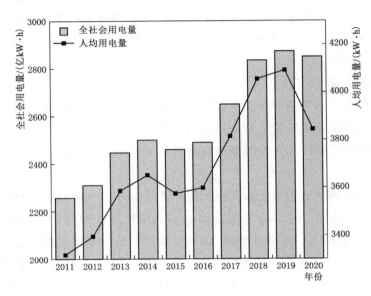

图 3-5　2011—2020 年河南省引黄受水区全社会用电量

5. 人均耕地面积及粮食产量

2011—2020 年，河南省引黄受水区中多年平均人均耕地面积超过 0.07hm² 的地市有开封、安阳、鹤壁、新乡、濮阳、许昌、三门峡、商丘、周口 9 市，其中周口多年平均人均耕地面积最高，为 0.091hm²，郑州最低，为 0.032hm²，两者相差 0.059hm²。2011—2020 年河南省引黄受水区人均耕地面积 2011 年最高，为 0.075hm²，2019 年最低，为 0.038hm²，相差 0.037hm²。2011—2018 年，人均耕地面积处于平稳状态，虽有下降，但趋势并不明显，2019 年人均耕地面积出现突降，从 2018 年的 0.074hm² 急剧下降到了 2019 年的 0.038hm²，2018—2019 年际间人均耕地面积下降了 0.036hm²。

2011—2020 年，河南省引黄受水区各地市中三门峡多年平均单位播种面积粮食产量最低，为 3725.42kg/公顷，焦作最高，为 7115.85kg/公顷。其中高于 6000kg/公顷的地市有安阳、鹤壁、新乡、焦作、濮阳、许昌、商丘、周口 8 市，除三门峡外，其余地市的单位播种面积粮食产量均大于 4000kg/公顷。2011—2020 年河南省引黄受水区单位播种面积粮食产量如图 3-6 所示，除 2019—2020 年较低外，其余年份均较高，在 5500kg/公顷以上，且处于比较稳定的状态。在 2019 年出现了急剧的下降，由 2018 年的 5945.60kg/公顷下降到了 2020 年的 4799.79kg/公顷，下降了近 1200kg/公顷，对整体的影响较大。

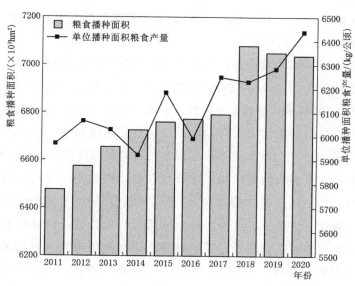

图 3-6 2011—2020 年河南省引黄受水区单位播种面积粮食产量

6. 水资源节约集约利用度时空演变分析

研究通过"单指标量化-多指标综合"计算区域水资源节约集约利用度（SID）。采用自然断裂法将 SID 分为 5 类：①$0 \leqslant SID < 0.2$ 为低节约集约区；②$0.2 \leqslant SID < 0.4$ 为较低节约集约区；③$0.4 \leqslant SID < 0.6$ 为一般节约集约区；④$0.6 \leqslant SID < 0.8$ 为较高节约集约区；⑤$0.8 \leqslant SID \leqslant 1.0$ 为高节约集约区。

基于数列的匹配分析方法由郑州大学左其亭教授等提出，能够量化研究区内各计算单元的匹配特征，已成功应用于"一带一路"中亚区和沙颍河流域水资源与经济社会要素匹配研究。本书进一步扩展其应用领域，将其应用于水资源节约集约利用与经济社会要素匹配研究。首先对河南省引黄受水区 14 个地级市逐年的水资源节约集约利用度和 GDP 依次从小到大排序，分别记录各地级市的序号；然后对人均水资源量从大到小排序并记录各地级市的序号；最后采用基于数列的匹配度计算模型依次计算2011—2020 年河南省引黄受水区水资源节约集约利用度与经济社会要素，即人均水资源量、GDP 和常住人口的匹配关系。

$$a_{i,j} = 1 - \frac{|n_{i,j} - m_{i,j}|}{K-1} \quad (i=1,2,\cdots,K) \tag{3-1}$$

式中　$a_{i,j}$——地级市 i 第 j 年的水资源节约集约利用度与人均水资源量或 GDP 的匹配度；

$\quad\quad n_{i,j}$——地级市 i 第 j 年的水资源节约集约利用度序号；

$\quad\quad m_{i,j}$——地级市 i 第 j 年的人均水资源量或 GDP 的序号；

$\quad\quad K$——计算单元数量，在本书中 $K=15$。

$a_{i,j} \in [0, 1]$，越接近 1 表示两要素匹配度越大，反之匹配度越小。就匹配要素而言，人均水资源量越大（小）、水资源节约集约利用度越小（大），两要素的匹配状况越好，反之匹配状况越差；GDP 越大（小）、水资源节约集约利用度越大（小），两要素的匹配状况越好，反之匹配越差。

2011—2020 年河南省引黄受水区各地市水资源节约集约利用度时序变化情况及地级市多年平均值如图 3-7 所示。研究区典型年份多年平均水资源节约集约利用度空间格局示意图如图 3-8 所示。除新乡外，所有地级市的水资源节约集约利用度均呈增长趋势，其中开封、洛阳、平顶山、三门峡、商丘增长速度较快，年均增长幅度大于等于 0.02；郑州、许昌、三门峡和周口水资源节约集约利用度普遍较高，而新乡、焦作、濮阳、济源和开封水资源节约集约利用度普遍较低，根据多年平均水资源节约集约利用度划分，郑州、许昌属于高节约集约区，三门峡、洛阳、平顶山、周口和商丘为较高节约集约区，焦作、济源、新乡和开封为较低节约集约区，而濮阳属于低节约集约区；对比黄河两岸水资源节约集约水平，黄河南岸各地级市的水资源节约集约利用度普遍高于黄河北岸的；开封、三门峡、洛阳、平顶山、许昌、商丘水资源节约集约利用度均有提升，其中平顶山从一般节约集约区提升为高节约集约区，跨越 2 个等级，提升幅度最大；郑州、周口、安阳、鹤壁、济源、焦作、新乡、濮阳水资源节约集约水平未发生明显提升，其中郑州始终处于高节约集约区，周口始终处于较高节约集约区，安阳和鹤壁始终处于一般节约集约区，济源、焦作、新乡始终处于较低节约集约区，濮阳始终处于低节约集约区。

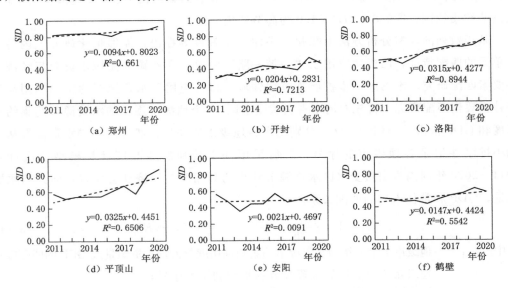

图 3-7（一） 2011—2020 年河南省引黄受水区各地市水资源节约集约利用度
时序变化情况及地级市多年平均值

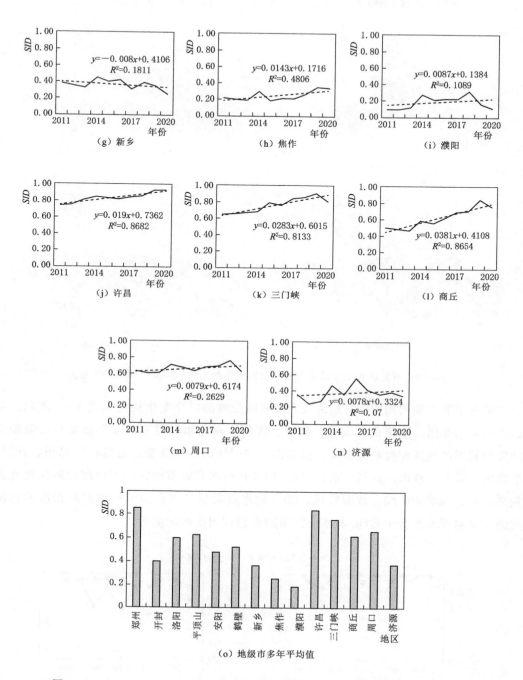

图 3-7（二）　2011—2020 年河南省引黄受水区各地市水资源节约集约利用度
时序变化情况及地级市多年平均值

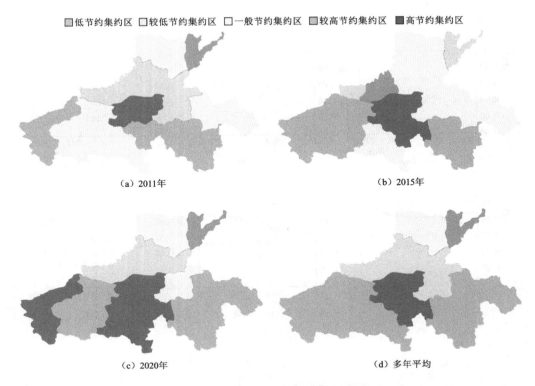

□低节约集约区 □较低节约集约区 □一般节约集约区 ■较高节约集约区 ■高节约集约区

（a）2011年　　　　　　　　　　　　（b）2015年

（c）2020年　　　　　　　　　　　　（d）多年平均

图 3-8　研究区典型年份多年平均水资源节约集约利用度空间格局示意图

　　水资源节约集约利用度与经济社会要素匹配度的时序变化特征如图 3-9 所示。可以看出：①郑州、平顶山、安阳、鹤壁、许昌、商丘和济源人均水资源量与水资源节约集约利用度的匹配度普遍较高，而濮阳、三门峡的匹配度普遍较低；②郑州、开封、平顶山、安阳、濮阳、许昌、商丘、周口 GDP 与水资源节约集约利用度的匹配度普遍较高，而三门峡的匹配度普遍较低；③人均水资源量与水资源节约集约利用度的匹配度的波动幅度普遍大于 GDP 与水资源节约集约利用度匹配度的。

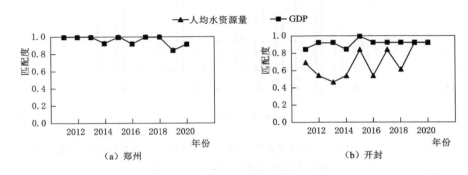

（a）郑州　　　　　　　　　　　　　（b）开封

图 3-9（一）　水资源节约集约利用度与经济社会要素匹配度的时序变化特征

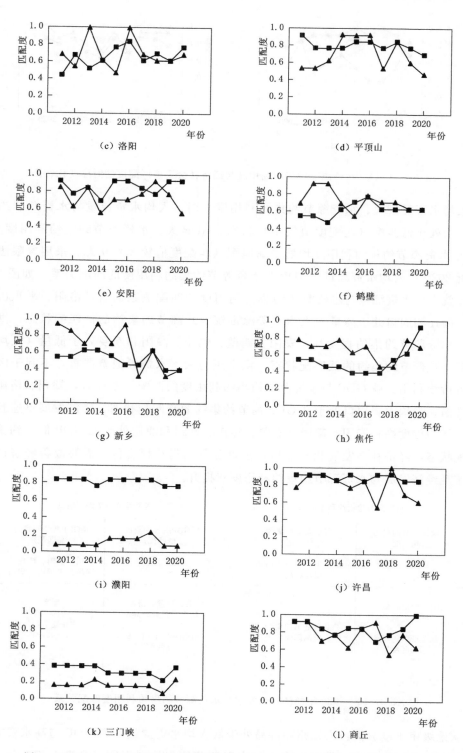

图 3-9（二） 水资源节约集约利用度与经济社会要素匹配度的时序变化特征

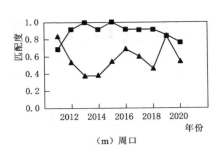 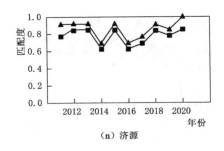

（m）周口　　　　　　　　　　（n）济源

图 3-9（三）　水资源节约集约利用度与经济社会要素匹配度的时序变化特征

人均水资源量大、水资源节约集约利用度大时，人均水资源量与水资源节约集约利用度均处于低匹配（匹配度值较小）状态；GDP 大、水资源节约集约利用度大时，GDP 与水资源节约集约利用度均处于高匹配（匹配度值较大）状态。采用象限法进一步分析 2020 年人均水资源量、GDP 与水资源节约集约利用度的匹配关系，如图 3-10 所示。就人均水资源量与水资源节约集约利用度的匹配关系而言，洛阳、平顶山、三门峡、商丘和周口处于高量（人均水资源量较大）高节约集约的低匹配状态，供水压力小、水资源节约集约程度高；安阳、鹤壁、焦作、濮阳和新乡处于低量（人均水资源量较小）低节约集约的低匹配状态，供水压力大、水资源浪费严重，不利于区域水资源可持续利用。就 GDP 与水资源节约集约利用度的匹配关系而言，郑州、洛阳、商丘、许昌、平顶山、周口处于高 GDP 高节约集约的高匹配状态，经济发展迅速且水资源节约集约程度高；安阳、鹤壁、济源、焦作、开封和濮阳处于低 GDP 低节约集约的高匹配状态，经济社会发展相对滞后，水资源节约集约程度低，需要改善经济产业结构，实现经济发展与水资源节约集约利用度双提升。

水资源节约集约利用度		水资源节约集约利用度	
低量高节约集约 （高匹配）	高量高节约集约 （低匹配）	低GDP高节约集约 （低匹配）	高GDP高节约集约 （高匹配）
许昌、郑州	洛阳、平顶山、三门峡、商丘、周口	三门峡	郑州、洛阳、商丘、许昌、平顶山、周口
	人均水资源量		GDP
安阳、鹤壁、焦作、濮阳、新乡	济源、开封	安阳、鹤壁、济源、焦作、开封、濮阳	新乡
低量低节约集约 （低匹配）	高量低节约集约 （高匹配）	低GDP低节约集约 （高匹配）	高GDP低节约集约 （低匹配）

图 3-10　2020 年经济社会要素与水资源节约集约利用度匹配关系

从地级市维度分析：①郑州和许昌处于低人均水资源量、高 GDP 与高水资源节约集约利用度的匹配状态，供水压力大且水资源节约集约利用度提升潜力相对较小，需要加大提升水资源节约集约利用度的资金投入，调整产业结构，逐步取缔高耗水产业，同时通过虚拟水战略、水权交易等途径争取区域外水资源量；②安阳、鹤壁、焦作和濮阳处于低人均水资源量、低 GDP 与低水资源节约集约利用度的匹配状态，水资源供需矛盾突出且经济发展水平相对较低，水资源可持续性相对较差，一方面需要积极提高水资源节约集约利用度，另一方面需要积极争取区域外水资源量；③洛阳、平顶山、商丘和周口处于高人均水资源量、高 GDP 与高水资源节约集约利用度的匹配状态，人水系统处于和谐发展状态，可以作为水权交易的水资源输出端；④三门峡处于高人均水资源量、低 GDP 与高水资源节约集约利用度的匹配状态，供水压力相对较小，但经济发展相对滞后，一方面可以通过水权交易增大 GDP，另一方面需要在保证水资源节约集约利用的前提下，大力发展经济，提高地区生产总值；⑤济源和开封处于高人均水资源量、低 GDP 与低水资源节约集约利用度的匹配状态，供水压力相对较小，但经济发展用水方式相对粗放，需要改变用水方式，优化产业结构，提高水资源节约集约利用水平；⑥新乡处于低人均水资源量、高 GDP 与低水资源节约集约利用度的匹配状态，用水压力大，需要投入大量资金提升水资源节约集约利用度。

以河南省引黄受水区 14 个地级市为研究区，量化分析了 2011—2020 年河南省引黄受水区水资源节约集约利用程度及时空演变规律，揭示了水资源节约集约利用度与人均水资源量和 GDP 的匹配特征，主要结论如下：

（1）除新乡外，所有地级市的水资源节约集约利用度均呈增长趋势，其中开封、洛阳、平顶山、三门峡、商丘水资源节约集约利用度增长速度较快。根据多年平均水资源节约集约利用度划分，郑州、许昌属于高节约集约区，三门峡、洛阳、平顶山、周口和商丘为较高节约集约区，焦作、济源、新乡和开封为较低节约集约区，而濮阳属于低集约区。研究时段内，郑州、周口、安阳、鹤壁、济源、焦作、新乡、濮阳水资源节约集约水平未发生明显提升。

（2）根据人均水资源量与水资源节约集约利用度的匹配特征，安阳、鹤壁、焦作、濮阳和新乡人均水资源量相对较少且水资源节约集约利用程度低，供水压力大，仅依靠区域当地水资源量难以满足经济社会发展的用水量需求，需要通过水权交易、虚拟水战略等途径积极争取区域外水资源量，同时提高水资源节约集约利用度。洛阳、平顶山、三门峡、商丘和周口人均水资源量相对较大但水资源节约集约利用程度高，能够作为水权交易的输出端。

（3）根据 GDP 与水资源节约集约利用度的匹配特征，安阳、鹤壁、济源、焦作、开封和濮阳经济社会发展相对滞后，水资源节约集约利用程度低，需要改善经济产业结构，实现经济发展与水资源节约集约利用双提升。新乡 GDP 高但水资源节约集约利用程度低，需要优化产业结构，逐步取缔高耗水产业，大力扶持发展节水高产值产业，实现产业转型升级。同时，加大水资源节约集约利用的资金投入，研发或引进高效节水技术和设施。

3.1.2 生态系统作用机制及特征分析

3.1.2.1 生态系统作用机制

生态系统健康是资源系统可承载、经济系统发展、社会系统稳定的前提，其健康与否影响着整个资源-生态-经济-社会系统的良性循环。生态系统主要分析水体质量、空气质量、绿化质量。生态系统关系如图 3-11 所示。

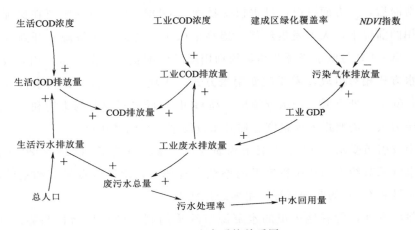

图 3-11 生态系统关系图

水体质量。COD 排放量是工业 COD 排放量与生活 COD 排放量之和，可以反映水体有机物污染程度。工业 COD 排放量由工业 COD 浓度和工业废水排放量决定，工业 GDP 的增多会导致工业废水排放量的增多，间接导致工业 COD 排放量的增多。生活 COD 排放量由生活 COD 浓度和生活污水排放量决定，总人口越多生活污水排放量越多，导致生活 COD 排放量增多。废污水经过处理以后转回成中水，继续被人们利用，污水处理率越高，越容易减轻废污水带来的危害，更有助于系统形成良性循环。

空气质量。工业的高速发展，会带来产值的增加，但是也会引起 CO、CO_2、SO_2 等污染物的排放量增多，导致空气质量下降。

绿化质量。建成区绿化覆盖率以及 $NDVI$ 指数的增大都标志着区域绿化水平的提高，能有效增强人民幸福感。植被的增多也能吸收和保留细微的尘埃颗粒和气体污染物，控制污染物的沉积和扩散，从而提高空气质量。

3.1.2.2 生态系统特征分析

1. 万元 GDP 废水排放量

2011—2020 年，河南省引黄受水区各地市中新乡的多年平均万元 GDP 废水排放量最高，为 14.7m³/万元，许昌的最低，为 7.2m³/万元，新乡万元 GDP 废水排放量约为许昌的 2 倍，且河南省引黄受水区绝大多数地市的万元 GDP 废水排放量均在 12m³/万元以下。

2011—2020 年河南省引黄受水区万元 GDP 废水排放量如图 3-12 所示，呈不断下降的趋势，由 2011 年的 13.82m³/万元下降至 2020 年的 4.74m³/万元，10 年之间下降了 9.08m³/万元，下降幅度较大。2011—2020 年间，万元 GDP 废水排放量上升的年份有 2015 年、2017 年，其余年份均呈下降趋势。

2. 城市污水处理率及生活垃圾无害化处理率

2011—2020 年，河南省引黄受水区各地市平均城市污水处理率变幅不大，鹤壁城市污水处理率最低，为 88.63%，洛阳最高，为 98.43%，两者相差 9.8%。河南省引黄受水区各地市城市污水处理率均在 80% 以上，且除鹤壁、周口 2 市外其余各地市的城市污水处理率均大于 90%，总体来看城市污水处理率处于较高的水平。2011—2020 年河南省引黄受水区城市污水

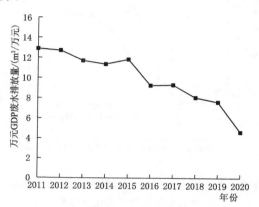

图 3-12　2011—2020 年河南省引黄受水区
万元 GDP 废水排放量

处理率如图 3-13 所示，呈逐步上升的趋势，仅 2013 年呈略微的下降趋势，且 2013 年的城市污水处理率最低，为 89.81%，2020 年污水处理率已经升高到 98.04%，较 2013 年升高了 8.23%；城市污水处理率最高的年份是 2017 年，较 2016 年多了 2.5%。从总体的趋势来看，2020 年以后城市污水处理率将逐渐趋于平稳。

2011—2020 年，河南省引黄受水区各地市生活垃圾无害化处理率均高于 90%，商丘最低，为 90.04%，说明河南省引黄受水区生活垃圾无害化处理率处于较高的水平，其中安阳、新乡、济源的生活垃圾无害化处理率甚至达到了 100%，与商丘相差 9.96%，各市之间相差并不大，处于一个均衡的状态。2011—2020 年河南省引黄受水区城市污水及生活垃圾无害化处理率如图 3-13 所示，呈稳步上升的趋势，由 2011 年的 90.83% 上升至 2020 年的 99.84%，10 年间上升了 9.01%，期间仅有 2013 年、2018 年、2019 年略有下降，其他年份均呈上升状态。从总体的趋势来看，2020 年之后生活垃圾无害化处理率将处于相对平稳的状态。

3. 人均 COD 排放量

2011—2020 年，河南省引黄受水区中鹤壁的平均人均 COD 排放量最高，为 17.03kg/a，其余各地市的人均 COD 排放量均在 12kg/a 以下，其中洛阳人均 COD 排

放量最低，为 6.06kg/a，除鹤壁外，各地市之间的人均 COD 排放量差异不大。鹤壁与洛阳人均 CDO 排放量相差 10.97kg/a。

2011—2020 年河南省引黄受水区人均 COD 排放量如图 3-14 所示，呈下降趋势。其中，2015 年下降得最为明显，仅 2015—2016 年下降了 10.56kg/a。从总体来看，2020 年后人均 COD 排放量可能会趋于一个比较平稳的状态，即使有下降，降幅也不大。

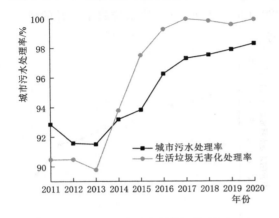

图 3-13　2011—2020 年河南省引黄受水区城市　　图 3-14　2011—2020 年河南省引黄受水区
污水及生活垃圾无害化处理率　　　　　　　　人均 COD 排放量

4. NDVI 指数

2011—2020 年，河南省引黄受水区各地市中有一半地市的多年平均 NDVI 指数超过 0.76。河南省引黄受水区中郑州的 NDVI 指数最低，为 0.7，周口最高，为 0.79，两者相差 0.09。河南省引黄受水区各地市中除郑州、焦作、濮阳、济源的 NDVI 指数较低外，其余各地市的 NDVI 指数均较高。

2011—2020 年河南省引黄受水区 NDVI 指数如图 3-15 所示，处于不断的波动状态，极不稳定。其中 NDVI 指数最低的年份是 2014 年，其值为 0.73；NDVI 指数最高的年份是 2011 年，其值为 0.77。从图 3-15 中可以看出，2014 年、2019 年河南省引黄受水区 NDVI 指数出现了突降的情况。从总体趋势来看，NDVI 指数的变化没有规律可循。

5. 建成区绿化覆盖率

2011—2020 年，河南省引黄受水区各地市中商丘的多年平均建成区绿化覆盖率最高，为 43.07%，开封的最低，为 36.72%，两者相差 6.35%。河南省引黄受水区各地市的建成区绿化覆盖率大部分约为 40%，各地市之间的建成区绿化覆盖率相差不大。

2011—2020 年，河南省引黄受水区建成区绿化覆盖率如图 3-16 所示，除 2015 年有所下降外，其余年份都呈逐年上升的状态。建成区绿化覆盖率总体来看，上升趋势较为平稳。

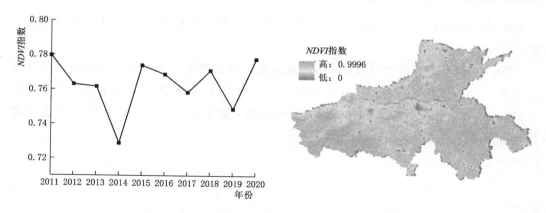

图 3-15　2011—2020 年河南省引黄受水区 NDVI 指数

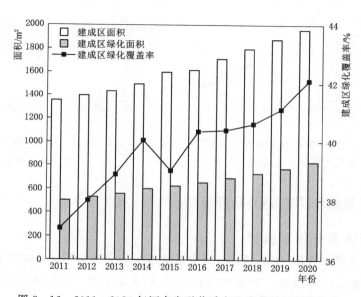

图 3-16　2011—2020 年河南省引黄受水区建成区绿化覆盖率

6. 万元工业增加值废气排放量

2011—2020 年，河南省引黄受水区各地市中济源的多年平均万元工业增加值废气排放量最高，为 57719.43m³/a，周口的最低，为 2356.23m³/a，济源万元工业增加值废气排放量约为周口的 25 倍，各地市之间的万元工业增加值废气排放量差别较大。

2011—2020 年，河南省引黄受水区万元工业增加值废气排放量如图 3-17 所示，呈逐年下降的趋势。从总体趋势来看，2020 年之后万元工业增加值废气排放量还有下降的可能。

7. 人均碳排放量

2011—2020 年，河南省引黄受水区各地市中济源的多年平均人均碳排放量最高，为 0.107t/a，周口的最低，为 0.039t/a，两者相差 0.068t/a。除开封、商丘、周口 3 市的人均碳排放量低于 0.06t/a 外，河南省引黄受水区其余各地市的人均碳排放量均大于 0.06t/a。

2011—2020 年河南省引黄受水区人均碳排放量如图 3-18 所示，人均碳排放量除 2012 年、2014 年、2016 年有所上升外，其余年份均呈下降的趋势，由 2011 年的 0.071t/a 下降至 2020 年的 0.066t/a，10 年之间下降了 0.005t/a。其中 2015 年人均碳排放量下降的最多，下降了 0.005t/a。

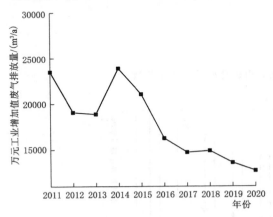

图 3-17　2011—2020 年河南省引黄受水区
万元工业增加值废气排放量

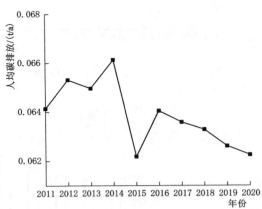

图 3-18　2011—2020 年河南省引黄受水区
人均碳排放量

3.1.3　经济系统作用机制及特征分析

3.1.3.1　经济系统作用机制

经济系统发展是资源-生态-经济-社会系统进步的必然结果，也是资源-生态-经济-社会系统的中心。经济系统不断发展才能满足人民日益增长的物质文化需要，才能推动社会全面进步。经济系统关系如图 3-19 所示。

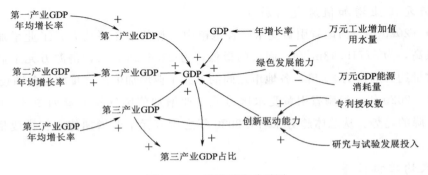

图 3-19　经济系统关系图

经济系统中最核心的因素是 GDP，GDP 主要由第一产业 GDP、第二产业 GDP、第三产业 GDP 构成。其中第一产业包括农林牧渔、第二产业包括工业和建筑业、第三产业是指服务业。

随着经济规模不断扩大，资源环境压力日益增大，因此必须转变经济发展方式，而第三产业 GDP 占比的升高标志着经济发展水平、发展阶段的升高。

高质量的经济发展要求以保护生态环境为前提，因此绿色发展能力也十分重要。万元工业增加值用水量和万元 GDP 能源消耗量越低，地区的绿色发展能力越高。

创新产业可通过投入相对少的资源而产生较高的产值。产出端的专利授权数和投入端的研究与试验发展投入越多，地区的创新驱动能力越高。

3.1.3.2 经济系统特征分析

1. GDP 及其增长速度

2011—2020 年，河南省引黄受水区各地市 GDP 增长速度除濮阳、三门峡、安阳 3 市的增长趋势不同外，其余各地市的增长趋势与波动状态趋于一致。2019 年，濮阳、三门峡、安阳、焦作 4 市出现了负增长的情况，除 2019 年外，其他年份河南省引黄受水区各地市 GDP 增长速度均是正增长，其中增长速度最快的是 2011 年的新乡，增长速度为 25.17%。

2011—2020 年河南省引黄受水区 GDP 及其增长速度如图 3-20 所示，增长速度呈稳步上升的趋势。GDP 从 2011 年的 21764.55 亿元增长至 2020 年的 43824.24 亿元，10 年间增加了 1 倍多；2011 年 GDP 增长速度最快，为 17.89%，2020 年 GDP 增长速度最慢，为 0.8%。2011—2020 年，河南省引黄受水区 GDP 增长速度均为正值，其GDP 在不断地增加。

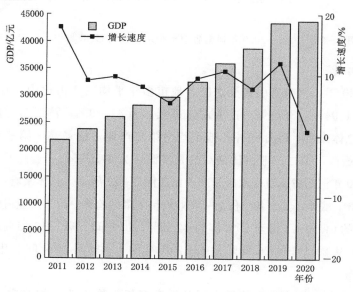

图 3-20　2011—2020 年河南省引黄受水区 GDP 及其增长速度

2. 人均GDP与居民消费水平

2011—2020年，河南省引黄受水区各地市中郑州的多年平均人均GDP最高，为82987元，周口最低，为25887元，郑州的人均GDP约为周口的3倍。除郑州与济源外，河南省引黄受水区各地市的人均GDP均小于80000。郑州的居民消费水平同样最高，为24431元，商丘最低，为10025元。

2011—2020年河南省引黄受水区人均GDP与居民消费水平如图3-21所示，两者的变化趋势大体一致，总体来看都是上升的。人均GDP由2011年的33962元增长至2020年的60410元，10年之间上升了26448元，即上升了78%；居民消费水平由2011年的9312元增长至2020年的16255元，10年之间上升了6943元，即上升了75%。

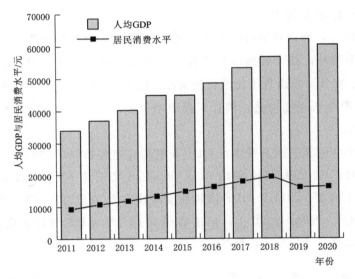

图3-21　2011—2020年河南省引黄受水区人均GDP与居民消费水平

3. 三产占比

2011—2020年，河南省引黄受水区各地市多年平均三产占比中，郑州的第一产业占比最低，为1.94%，开封第二产业占比最低，为41.39%，济源第三产业占比最低，为28.29%。总体来看，除郑州外各地市均为第二产业占比最高，第三产业占比次之，第一产业占比最低。第二产业占比最高的是济源，为67.59%。

2011—2020年河南省引黄受水区三产占比如图3-22所示。总体来看：除2020年第一产业占比有略微上涨外，其余各年份第一产业均呈下降的趋势；第二产业占比处于下降的态势，从2011年的61.16%下降至2020年的44.95%，10年间下降了16.21%；第三产业占比呈上升的状态，从2011年的26.36%上升至2020年的45.45%，10年间上升了19.09%。

4. 失业率

2011—2020年，河南省引黄受水区各地市多年平均失业率均稳定在4%以内，失

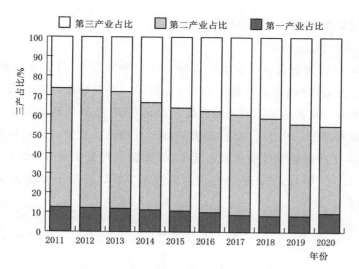

图 3-22 2011—2020 年河南省引黄受水区三产占比

业率最高的是新乡,其失业率为 3.89%,失业率最低的是郑州,其失业率为 2.03%,两者相差 1.86%。河南省引黄受水区失业率在 3% 以下的城市有郑州、鹤壁、濮阳、三门峡、济源 5 市,说明这 5 个城市的经济发展处于较高的水平。

2011—2020 年河南省引黄受水区失业率如图 3-23 所示。2011—2020 年,河南省引黄受水区失业率最低的年份为 2019 年,其失业率为 2.86%。2020 年,失业率出现了较为反常的上升趋势。

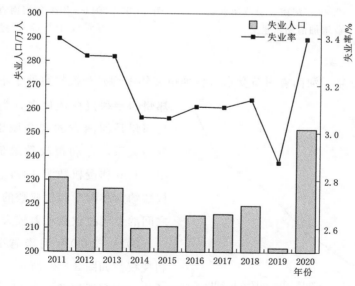

图 3-23 2011—2020 年河南省引黄受水区失业率

5. 万元工业增加值用水量

2011—2020 年河南省引黄受水区万元工业增加值用水量如图 3-24 所示,万元工业增加值用水量呈在波动中下降的趋势。

6. 万元GDP能源消耗量

2011—2020年，河南省引黄受水区各地市多年平均万元GDP能源消耗量不均衡，济源最高，其万元GDP能源消耗量为1.46t标准煤，周口最低，其万元GDP能源消耗量为0.41t标准煤，两者相差1.05t标准煤。万元GDP能源消耗量大于1t标准煤的城市有安阳、鹤壁和济源；小于0.6t标准煤的城市有郑州、开封、许昌和周口4市。

2011—2020年河南省引黄受水区万元GDP能源消耗量如图3-25所示，呈逐年下降趋势。2011—2020年万元GDP能源消耗量稳步下降，每年下降的万元GDP能源消耗量都比较接近。

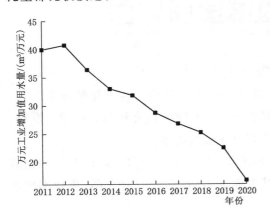

图3-24　2011—2020年河南省引黄受水区
万元工业增加值用水量

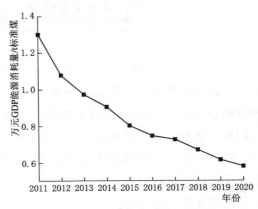

图3-25　2011—2020年河南省引黄受水区
万元GDP能源消耗量

7. 专利授权数

2011—2020年，河南省引黄受水区各地市多年平均专利授权数处于不均衡的状态，郑州的专利授权数最多，为3028个，这与郑州是河南省的省会城市有着密不可分的关系，专利授权数最低的城市是濮阳，其专利授权数为12个。郑州专利授权数约为濮阳专利授权数的250倍，各市之间的专利授权数相差较大。

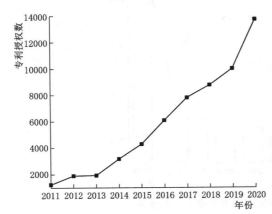

图3-26　2011—2020年河南省引黄受水区
专利授权数

2011—2020年河南省引黄受水区专利授权数如图3-26所示，呈不断上升的趋势，专利授权数由2011年的1240个增长至2020年的13729个，10年之间河南省引黄受水区专利授权数增加了约10倍，增长速度较快，其中专利授权数增长最多的年份是 2020 年，较 2019 年增长了 3712 个。总体来看，专利授权数增长的趋势比较稳定。

3.1.4　社会系统作用机制及特征分析

3.1.4.1　社会系统作用机制

社会系统是资源-生态-经济-社会系统的根本，资源系统可承载、生态系统健康、经济系统发展都是以以人为本作为核心来发展的。经济社会发展过程中，以实现人的全面发展为目标，把人民的利益作为一切工作的出发点和落脚点，不断满足人民群众的多方面需求，切实保障其经济、政治和文化权益，让发展的成果惠及全体人民。社会系统关系如图 3-27 所示。

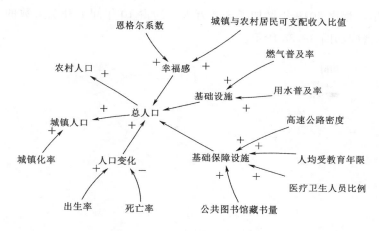

图 3-27　社会系统关系图

社会系统的根本是人口，总人口分为城镇人口和农村人口，这也与城镇化率相关，城镇化率越高，居民生活环境越好。恩格尔系数以及居民收入比值降低，说明居民生活条件变好，会大大增加居民幸福感。

基础设施是保障城市正常运行和健康发展的物质基础，也是实现经济转型的重要支撑、改善民生的重要抓手。用水普及率与燃气普及率不断提高，基础设施能力才能不断提高，保障人民生活品质不断提升。

人民日益增长的美好生活需要也是对文化、医疗、教育等软实力的需要，高速公路密度、人均受教育年限、医疗卫生人员比例、公共图书馆藏书量都能间接反映当前社会基础保障设施的建设水平。

3.1.4.2　社会系统特征分析

河南省引黄受水区涉及 14 个地市，是粮食生产核心区、中原经济区、郑州航空港经济综合实验区、郑洛新国家自主创新示范区、中国（河南）自贸试验区等五大国家战略的重要区域，区域内郑州正在建设国家中心城市。随着郑州国家中心城市建设、隋唐大运河文化带建设，以及黄河流域生态保护和高质量发展上升为国家战略，黄河水将发挥越来越重要的作用。

1. 人口密度

2011—2020 年，河南省引黄受水区中郑州的多年平均常住人口最多，为 981.2 万人，济源常住人口最少，仅有 71.8 万人，郑州常住人口约为济源常住人口的 14 倍。河南省引黄受水区常住人口大于 600 万的地市有 4 个，分别是郑州、洛阳、商丘和周口，其余地市的常住人口均小于 600 万。

2011—2020 年，河南省引黄受水区常住人口呈逐年上升的趋势，由 2011 年的 6798 万人增长至 2020 年的 7409 万人，10 年间增加了 611 万人。其中常住人口上升最多的是 2020 年，相比 2019 年增加了 392 万人，约占 10 年间上升总人数的 50%，2020 年研究区人口密度如图 3-28 所示。

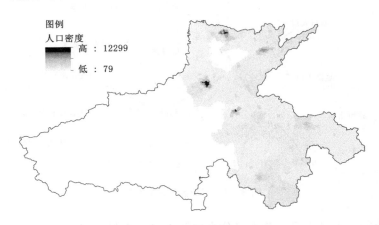

图 3-28　2020 年研究区人口密度

2. 城镇化率

2011—2020 年，河南省引黄受水区多年平均城镇化率在 50% 以上的地市有郑州、洛阳、鹤壁、新乡、焦作、三门峡和济源 7 市。其中郑州城镇化率最高，为 70.7%，周口城镇化率最低，为 38.58%，郑州与周口的城镇化率相差 32.12%。

2011—2020 年河南省引黄受水区城镇化率如图 3-29 所示，呈稳步上升的趋势。城镇化率由 2011 年的 43.46% 上升至 2020 年的 57.16%，10 年之间上升了 13.7%，其城镇化率为 40%~60%。从总体趋势来看，2020 年以后河南省引黄受水区的城镇化率会突破 60%。

3. 恩格尔系数

2011—2020 年，河南省引黄受水区各地市多年平均恩格尔系数处于平衡状态，各地市之间相差不大。周口恩格尔系数最大，为 33.57%，三门峡最小，为 27.03%，周

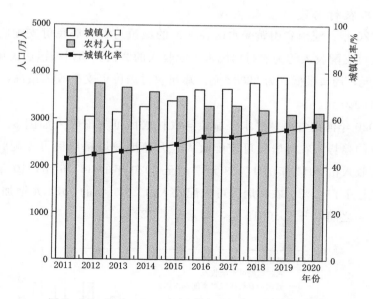

图 3-29 2011—2020 年河南省引黄受水区城镇化率

口与三门峡的恩格尔系数相差 6.54%。河南省引黄受水区中恩格尔系数小于 30% 的地市有开封、洛阳、三门峡、济源 4 市。

2011—2020 年河南省引黄受水区恩格尔系数如图 3-30 所示，呈波动中下降的趋势。恩格尔系数由 2011 年的 32.12% 下降至 2020 年的 25.95%，10 年之间下降了 6.17%。

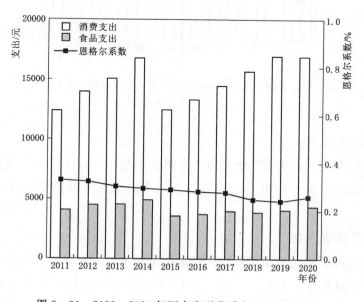

图 3-30 2011—2020 年河南省引黄受水区恩格尔系数

4.城镇与农村居民可支配收入

2011—2020 年，河南省引黄受水区各地市的城镇与农村居民可支配收入均相差巨大，城镇居民可支配收入约为农村居民可支配收入的 2 倍。郑州城镇居民可支配收入最高，为 32594 元，周口最低，为 22038 元。郑州农村居民可支配收入最高，为 17856 元，周口最低，为 9060 元。

2011—2020 年河南省引黄受水区城镇与农村居民可支配收入如图 3-31 所示，其均呈逐年上升的趋势，农村居民可支配收入上升速度较城镇居民可支配收入快些。城镇居民可支配收入由 2011 年的 17783 元增加至 2020 年的 34716 元，10 年之间上升了 16933 元，即上升了 95%。农村居民可支配收入由 2011 年的 7523 元增加至 2020 年的 17538 元，10 年之间上升了 10015 元，即上升了 133%。

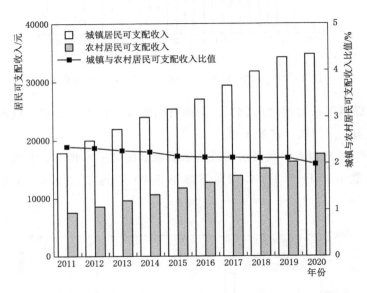

图 3-31　2011—2020 年河南省引黄受水区城镇与农村居民
可支配收入

5.高速公路密度

2011—2020 年河南省引黄受水区高速公路密度如图 3-32 所示，呈逐年上升的趋势。从总体来看，河南省引黄受水区高速公路密度逐年上升趋势都比较平稳，相差不大。

6.人均受教育年限

2011—2020 年，河南省引黄受水区各地市多年平均人均受教育年限差别不大，郑州人均受教育年限最长，为 11.36 年，周口人均受教育年限最短，为 8.44 年，两者相差 2.92 年。从整体来看，河南省引黄受水区各地市中郑州、济源的人均受教育年限大于 10 年，其余各地市虽然均小于 10 年，但是都在 10 年附近。

2011—2020 年河南省引黄受水区人均受教育年限如图 3-33 所示，呈线性上升的趋势。从总体趋势来看，2020 年以后河南省引黄受水区的人均受教育年限还会出现上升的情况。

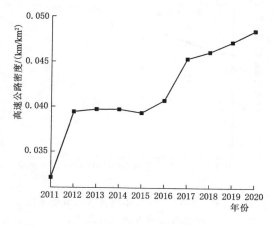

图 3-32　2011—2020 年河南省引黄受水区
高速公路密度

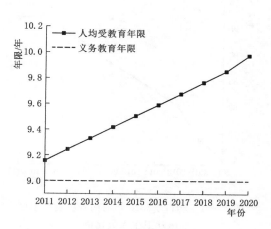

图 3-33　2011—2020 年河南省引黄受水区
人均受教育年限

7. 医疗卫生人员比例

2011—2020 年，河南省引黄受水区各地市中郑州的多年平均医疗卫生人员比例最高，为 0.0118，周口的医疗卫生人员比例最低，为 0.0071，其余各地市的医疗卫生人员比例都在 0.008 附近。医疗卫生人员比例大于 0.008 的地市有开封、洛阳、平顶山、鹤壁、新乡、焦作、濮阳、三门峡、郑州等 9 个城市。

2011—2020 年河南省引黄受水区医疗卫生人员比例如图 3-34 所示，呈逐年上升的趋势。从总体趋势来看，2020 年以后医疗卫生人员比例还会继续上升。

8. 用水普及率及燃气普及率

2011—2020 年，河南省引黄受水区各地市中多年平均用水普及率达到 100% 的地市有郑州、安阳 2 市，商丘的用水普及率最低，为 78.07%，除商丘的用水普及率小于90% 外，其他各市的用水普及率均大于 90%，且新乡、焦作、济源 3 市的用水普及率非常接近 100%。2011—2020 年河南省引黄受水区用水普及率如图 3-35 所示，呈在波动中上升的趋势，下降的年份只有 2015 年、2019 年。用水普及率从 2011 年的 93.66%增加至 2020 年的 99.11%，10 年之间上升了 5.45%。

2011—2020 年，河南省引黄受水区各地市中新乡的多年平均燃气普及率最高，为98.7%，洛阳的燃气普及率最低，为 79.47%，两者相差 19.23%。河南省引黄受水区中多年平均燃气普及率小于 90% 的地市有洛阳、商丘 2 市，安阳、新乡、济源 3 市的燃气普及率接近 100%。2011—2020 年河南省引黄受水区燃气普及率如图 3-35 所示，呈现波动中上升的趋势，并逐渐趋于平稳。从总体趋势来看，2020 年之后燃气普及率会在平稳中上升，且上升幅度并不会太大。

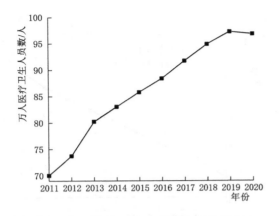

图 3-34　2011—2020 年河南省引黄受水区医疗卫生人员比例

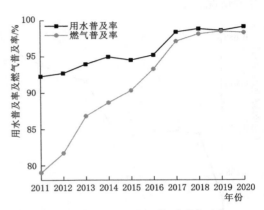

图 3-35　2011—2020 年河南省引黄受水区用水普及率及燃气普及率

3.1.5　资源-生态-经济-社会系统

资源-生态-经济-社会系统内部存在错综复杂的相互作用关系，4 个子系统相互依存又相互制约。

目前，河南省处于高速发展阶段，发展经济仍是当前的重点工作。从资源系统出发，为保障粮食安全，需保护耕地资源，耕地面积越大，所需的灌溉用水越多，产生的农业 COD 也越多，从而影响生态用水也增多；各系统的发展都对水资源提出了较高的要求，降水的增多会补给区域水资源，使可用水量增多；各系统的发展也带来了一定的污染，废污水的排放会有所增多，废污水处理技术的成熟会使中水回用量增加，能有效缓解水资源压力。从经济系统出发，若大力发展经济，势必会造成第一产业、第二产业用水量的增加，这会造成总用水量的增加，也会造成工业污染物的增加，产生的工业 COD 排放量增多，导致环境污染加剧，从而影响生态用水也增多。从社会系统出发，大力促进人口增长，人口越多，生活用水量越多，导致总用水量增多，产生的生活 COD 排放量也越多，导致环境污染加剧，从而影响生态用水也增多；人口增多，对医疗、教育、绿化等方面的要求也会变高，那将需要更好的经济条件来支撑。河南省引黄受水区资源-生态-经济-社会系统间各因素相互作用关系如图 3-36 所示。

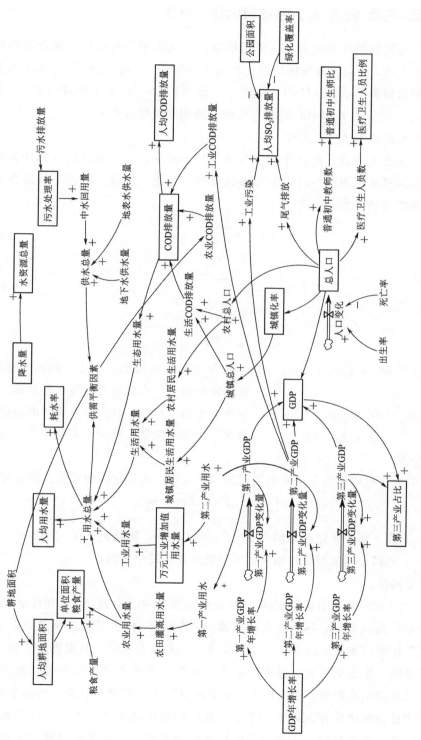

图 3-36 河南省引黄受水区资源-生态-经济-社会系统间各因素相互作用关系图

3.1.6　资源-生态-经济-社会系统耦合协调分析

为探明系统间的相互影响关系,采用耦合协调度模型进行研究。耦合协调度模型是一种分析 2 个及 2 个以上系统间协调发展水平的方法,应用十分广泛。本书涉及 4 个子系统,分别为资源子系统(Res)、生态子系统(Env)、经济子系统(Eco)和社会子系统(Soc),资源-生态-经济-社会系统耦合协调度模型构建如下:

1. 子系统发展指数

将资源、生态、经济、社会分别作为独立的子系统,基于熵权法分别计算各子系统指标权重,同样采用加权平均法即可得到资源、生态、经济、社会子系统各自的发展指数。子系统发展指数分别为

$$Res_{ab} = \sum_{c=1}^{k_1} X_{abc} \omega'_c \qquad (3-2)$$

$$Env_{ab} = \sum_{c=1}^{k_2} X_{abc} \omega''_c \qquad (3-3)$$

$$Eco_{ab} = \sum_{c=1}^{k_3} X_{abc} \omega'''_c \qquad (3-4)$$

$$Soc_{ab} = \sum_{c=1}^{k_4} X_{abc} \omega''''_c \qquad (3-5)$$

式中　Res_{ab},Env_{ab},Eco_{ab},Soc_{ab}——第 a 年中 b 地区资源、生态、经济、社会子系统的发展指数,指数越高发展水平越高;

ω'_c、ω''_c、ω'''_c、ω''''_c——资源、生态、经济、社会子系统中的指标权重;

k_1,k_2,k_3,k_4——资源、生态、经济、社会子系统中指标的个数。

2. 耦合度

耦合度的大小可以反映各子系统之间的相互依赖、相互制约的程度。耦合度为

$$C_{ab} = \frac{4\sqrt[4]{Res_{ab}Env_{ab}Eco_{ab}Soc_{ab}}}{Res_{ab} + Env_{ab} + Eco_{ab} + Soc_{ab}} \qquad (3-6)$$

式中　C_{ab}——第 a 年中 b 地区的耦合度,$C_{ab} \in [0,1]$,越接近于 1,表明 4 个子系统的耦合程度越高,相互作用强度越高,反之亦然;

其他符号同前。

2011—2020 年河南省引黄受水区 14 个地级市资源-生态-经济-社会系统耦合度如图 3-37 所示。可以看出,各地级市的资源-生态-经济-社会系统耦合度均在 0.70 以上,绝大多数地级市甚至超过 0.95,表现出非常高的耦合水平,且发展趋势较为稳定,说明资源子系统、生态子系统、经济子系统、社会子系统之间存在非常紧密和强烈的作用关系。经济的增长需要资源的投入、生态环境容量的支撑及社会发展水平的保障,资源、生态和社会的质量和数量决定了经济发展的高质量水平,因此资源子系统、生态子系统、经济子系统和社会子系统之间极易出现矛盾,产生各种问题与危机,而如

何协调四者之间的关系是需要重点关注和解决的难题。

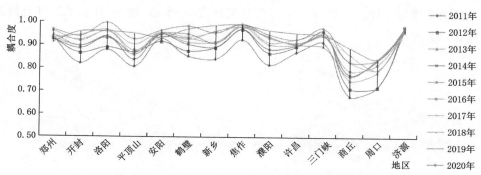

图 3-37 2011—2020 年河南省引黄受水区 14 个地级市
资源-生态-经济-社会系统耦合度变化

3. 耦合协调度

耦合协调度能够反应子系统耦合相互作用关系中良性耦合程度的大小，可体现出协调状况的好坏。耦合协调度为

$$D_{ab} = \sqrt{C_{ab}T_{ab}} \tag{3-7}$$

$$T_{ab} = Res_{ab}\alpha_{ab} + Env_{ab}\beta_{ab} + Eco_{ab}\lambda_{ab} + Soc_{ab}\delta_{ab} \tag{3-8}$$

式中 D_{ab}——第 a 年中 b 地区的耦合协调度，$D_{ab} \in [0, 1]$，越接近于 1，表明4 个子系统良性耦合程度越高，协调发展水平越好，反之亦然；

T_{ab}——4 个子系统的综合协调指数，反映整体发展水平对协调度的贡献；

α_{ab}，β_{ab}，λ_{ab}，δ_{ab}——各子系统的权重，本书设 4 个子系统同等重要，即 $\alpha_{ab} = \beta_{ab} = \lambda_{ab} = \delta_{ab} = \frac{1}{4}$；

其他符号同前。

耦合度和耦合协调度评价标准见表 3-1。

表 3-1   耦合度和耦合协调度评价标准

耦 合 度		耦 合 协 调 度		
取值范围	耦合水平	类型	取值范围	协调水平
[0, 0.3]	差	衰退阶段	[0, 0.1]	极度失调
			(0.1, 0.2]	严重失调
(0.3, 0.5]	一般		(0.2, 0.3]	中度失调
		过渡阶段	(0.3, 0.4]	轻度失调
(0.5, 0.8]	较好		(0.4, 0.5]	濒临失调
			(0.5, 0.6]	勉强协调
		发展阶段	(0.6, 0.7]	初级协调
(0.8, 1]	好		(0.7, 0.8]	中级协调
			(0.8, 0.9]	良性协调
			(0.9, 1]	优质协调

　　参考表 3-1，对河南省引黄受水区 14 个地级市的资源-生态-经济-社会系统耦合协调发展类型进行了评价，2011—2020 年研究区资源-生态-经济-社会系统耦合协调状况如图 3-38 所示。

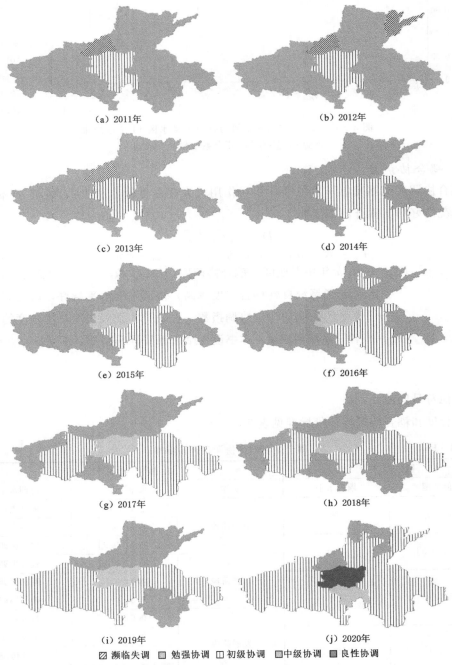

图 3-38　2011—2020 年研究区资源-生态-经济-社会系统耦合协调状况示意图

从时间上来看，河南省引黄受水区各地级市的系统耦合协调度呈现逐年上升的趋势，大部分地级市从最初的 2011 年处于勉强协调水平提升至 2020 年大部分地市处于初级协调水平，虽然整体上向上提升了 1 个等级标准，但是仍然处于较低的耦合协调水平。

从空间上来看，郑州和许昌一直以来都处于河南省引黄受水区资源-生态-经济-社会系统耦合协调水平的领先位置，特别是郑州，从 2011 年的初级协调水平提升至 2020 年的良性协调水平，跨越了 2 个等级标准，是到 2020 年为止唯一步入良性协调水平的地级市，体现了郑州作为河南省省会城市的地位和发展优势。相对地，安阳和焦作的耦合协调水平则一直处于所有地级市的垫底位置。

造成河南省引黄受水区各地级市资源-生态-经济-社会系统耦合协调度较低的原因是多方面的，包括：①资源禀赋及开发利用水平的差异；②人口、经济、社会发展的差异；③农业和工业体量的差异；④技术水平的差异；⑤生态环境状况差异等。2011 年之后，随着水生态文明建设、中原经济区规划、中国（河南）自由贸易试验区等政策的实施，河南省引黄受水区各地级市资源-生态-经济-社会系统耦合协调水平得到逐步提升，但整体距离高耦合协调水平还有很大差距。截至 2020 年，14 个地级市耦合协调度均仅在勉强协调水平以上，只郑州达到良性协调水平，许昌达到中级协调水平，这也是造成各地级市资源-生态-经济-社会系统高质量发展水平不高的一个重要原因。可见，河南省引黄受水区需注重资源子系统、生态子系统、经济子系统和社会子系统的协同发展，只有 4 个子系统同时达到较高水平，才能从整体上提高区域的资源-生态-经济-社会系统的高质量发展水平。

针对河南省引黄受水区 14 个地级市开展资源-生态-经济-社会系统耦合协调研究，分析和评价 2011—2020 年各地级市的资源-生态-经济-社会系统耦合度和耦合协调度的变化情况。主要结论和建议如下：①河南省引黄受水区资源-生态-经济-社会系统耦合度高，相互作用强度大，应尽快开展系统内部的相互作用机制研究，以应对复杂系统变化带来的不确定性问题；②2011 年之后河南省引黄受水区各地级市的耦合协调度有了较为明显的提高，但是整体上距离高水平的耦合协调水平还有很大距离，大部分地级市在 4 个子系统方面或多或少都存在某方面的短板，影响到资源-生态-经济-社会系统的整体高质量发展，这是实现黄河流域生态保护和高质量发展必须尽快攻克的一个难题。

3.2 高质量发展和谐平衡作用机制解析

3.2.1 和谐平衡的概念及内涵

左其亭在《和谐论：理论·方法·应用》一书中给出了和谐的定义和解释，认为和谐是指和谐参与者在考虑相关和谐因素，满足一定和谐目标情况下，按照和谐规则，达到的一种和谐行为。为了达到和谐目标及和谐状态，利益相关者常常需要按照一定规则来约束行为，维持一种相对平衡状态，这就是和谐平衡。

人类在不断取用水资源的同时，也在不停地向水资源环境中排放废水，人类必须要遵循水的自然循环规律，在水资源的自净能力范围内进行这种交换，才是安全、有效和合理的，如果水资源的使用量和废水的排放量超过了某个阈值，就破坏了人与水环境之间的平衡状态，将会导致严重的后果，并危及人类自身的安全。也就是说水的社会循环不能损害水的自然循环规律，只有遵循此规律，才能实现水资源的可持续利用。实际上，就是要求水资源利用与保护达到一种和谐平衡。因此，根据和谐论理念和以上分析，可以把和谐平衡（Harmony Equilibrium）简单定义为：利益相关者考虑各自利益和总体和谐目标而呈现的一种相对静止且相关者各方暂时都能接受的平衡状态。

在经济学中，平衡即相关量处于稳定值。比如经济学中的商品供求关系，假如某一商品在某一价格下，想以此价格买此商品的人均能买到，而想卖的人均能卖出，此时就可以认为，该商品的供求关系达到了平衡状态，这是针对某一时期相对静止的和谐平衡。如果该商品的生产成本增加，卖方再以此价格卖出就会亏本或盈利太少，此时必然会抬高价格，这时原来的平衡状态被打破，新的价格慢慢被买卖双方接受，于是又转移到另一平衡状态。在看待经济社会发展与水资源保护之间的关系时，可以认为，这种平衡状态是某一时段人类发展追求的目标，不仅能够实现经济社会的预期发展，还能保护人类赖以生存的资源与环境。当然，这种平衡状态不是一成不变的，随着社会的进步，技术的改良，各种调水、储水设施的建设，改变了水资源的可利用量、废水的排放量以及循环量，造成和谐平衡从一种状态转移到另一种状态。因此，这里所说的和谐平衡是某一时段、某种特定条件下的平衡。

根据以上分析和对和谐平衡的理解，可以总结以下内涵和主要理论观点：

（1）和谐平衡是满足和谐目标要求的和谐行为的集合，该集合中的所有行为都满足和谐的要求。和谐平衡的集合可能是一个点、一条直线、一个区间或一个更加复杂的集合。

（2）在某一阶段或某一状态下，可能还未形成和谐平衡。也就是说，和谐平衡并不是始终都存在的。

（3）和谐平衡是一种相对静止的和谐状态，在条件变化的情况下，可能会从一种和谐平衡状态转移成另一种和谐平衡状态。

（4）正确看待和谐平衡的转移，既要理解和谐平衡转移是正常的，也要关注和谐平衡转移带来的优点和缺点。比如，一种社会关系，如果通过先进人士的努力，朝着更加先进的社会转移，这种转移是人们追求的目标，是值得肯定的；如果通过社会动荡和不良措施，使原本和谐的社会转移到动荡的社会，这是不可取的。

（5）和谐平衡具有一般和谐概念的特性。和谐平衡不是一成不变的，具有动态性；是针对某一区域或特定对象而言的，具有空间性；一般具有复杂的包含和被包含关系，具有层次性。

3.2.2 资源–生态–经济–社会系统和谐平衡作用关系

资源和生态与经济、社会发展之间的关系十分密切。一方面，资源是经济和社会发展的重要基础条件，生态是经济和社会发展的重要约束条件；另一方面，社会和经济的发展对资源的节约集约利用和对生态的需求和改善都具有十分重要的意义。正确处理和协调好它们之间的关系，摆正资源和生态在经济、社会发展中的位置，对于确定经济发展规划、促进社会进步、实现区域高质量发展，具有十分重要的指导作用和现实意义。

资源系统中，基本的气候变化会引起径流量的变化，导致水资源总量、可利用水资源量、供水量等的变化，而供水量与耕地面积的时空匹配会影响粮食产量。水体质量发生变化时，会影响可利用水资源量，导致供水量发生变化。通过创新驱动，新技术不断研发，播种技术以及种子质量都有很大改善，对粮食产量有正面的影响。

生态系统中，污水处理影响着水体质量，也在一定程度上影响着水体自净能力，水体自净能力对水体质量也有影响。废气排放以及城市绿化影响着城市的空气质量。水体质量以及空气质量的高低影响着人类生存的环境质量。绿色发展理念的贯彻会使环境质量有很大的改变。

经济系统中，绿色发展、创新驱动理念的贯彻以及市场改革、结构转型，使发展方式得到了很大的改变，工业需水量以及能源消耗量会产生很大变化，教育水平的提升会影响劳动素质，这些都推动了 GDP 的增长。经济发展必然要消耗能源和土地资源、水资源等，不可避免地就会导致能源和资源的减少；经济发展的同时，排放的废弃物质造成了水和空气的污染，最终导致环境质量下降，必然会导致系统不平衡现象产生。

社会系统中，养老水平、就业水平、医疗水平、教育水平等社会基础保障水平以及文化娱乐水平都影响着人类的生活质量。另外，水资源普及率、粮食产量、生活环境质量、经济发展水平都影响着人类的生活质量。

资源–生态–经济–社会系统和谐平衡作用关系如图 3-39 所示。

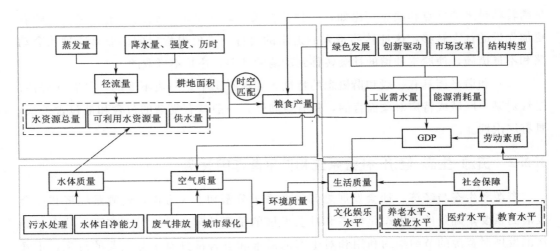

图 3-39　资源-生态-经济-社会系统和谐平衡作用关系图

3.2.3　面向高质量发展的资源-生态-经济-社会系统和谐平衡作用机制

资源-生态-经济-社会系统是一个复杂的耦合系统，各子系统相互之间是相辅相成的。

人是资源-生态-经济-社会系统中最核心的要素，系统的发展归根结底是为人类服务的。资源系统中的水资源、生态系统中的空气都是人类生存的必要条件，保障生态系统健康能为人类提供一个稳定的生存环境；经济系统发展能带来更多的劳动岗位，人类通过劳动来满足自身的基本生活需求，经济系统的发展还能为人类带来更多的生活便利；当人类的基本生活需求得到满足后，社会系统的发展能满足人民日益增长的美好生活需要。

资源是经济发展的基础，经济的发展是以资源消费量增长为基础的。一方面，资源对经济发展有重要的支撑作用，没有必要的资源保证，经济难以持续健康快速发展；另一方面，资源对经济发展也有重要的约束作用，许多资源的供给能力是有限的，资源的承载能力反过来要制约经济增长的速度、结构和方式。资源的开发利用会促进经济的快速发展，但是在开发利用的过程中经常会造成大量的环境污染、植被破坏、水土流失等问题，严重破坏了生态环境。人类以牺牲自然资源为代价来换取经济繁荣，造成生态环境加速恶化，自然环境所能提供的资源难以满足人口日益增长的需求，从而严重地影响经济与社会发展。经济过快的增长造成了资源与生态环境状况的恶化，技术的发展使人们过度向自然索取，同时却将资源转化为产品过程中产生的废气、废水、废渣返给自然，可供利用的资源种类越来越少，但留给自然的污染物却越来越多，导致生态恶化，环境破坏，影响了经济的可持续发展。若单纯地发展经济，会带来资源损毁、生态破坏和环境恶化等一系列严重后果；若孤立地保护资源，由于缺乏经济技术实力的支持，又会阻碍经济的发展，也不能遏止生态环境继续恶化。因此，必须将经济的发展与资源的开发利用协调起来。

起初，资源-生态-经济-社会系统处于和谐平衡状态，在不断地发展中，资源、生态、经济、社会各子系统不断地进行能量和物质的交换，各子系统之间的关系时刻变换，导致旧的平衡不断被打破。为使系统重新达到和谐平衡状态，需要进行人为调控，对系统进行引导、强化，促进子系统间良性的、正向的相互作用、相互影响，激发子系统间的内在潜能，从而实现子系统间优势互补和共同提升。通过人为调控，系统间形成新的平衡，最终促进资源的综合利用、环境的综合整治、经济的综合增长及人的综合发展，从而使资源-生态-经济-社会系统达到高质量发展。因此，我们将起初的和谐平衡状态定义为低质量发展，经过人为调控以后系统达到的新和谐平衡状态定义为高质量发展。

可见，资源、生态、经济、社会各子系统处于相互依赖相互影响的统一整体之中，只有当资源、生态、经济、社会子系统之间和谐一致，协调发展，才能建立一种良性循环，实现整个系统的高质量发展。面向高质量发展的资源-生态-经济-社会系统和谐平衡作用机制如图 3-40 所示。

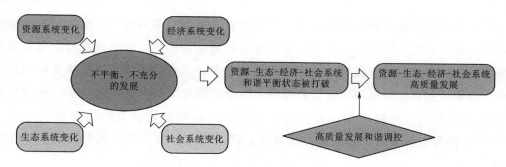

图 3-40　面向高质量发展的资源-生态-经济-社会系统和谐平衡作用机制图

第 4 章

河南省引黄受水区高质量发展评价

什么样的状态是高质量发展状态，区域高质量发展水平如何？这需要对其进行定量评价，即高质量发展评价。这对摸清区域高质量发展水平，科学调控高质量发展具有重要意义。本章以河南省引黄受水区为评价对象，以水为主线、以解决实际问题为目标、以系统间存在的迫切问题为关键点，构建高质量发展评价指标体系，阐述高质量发展评价方法。通过评价指标体系，利用高质量发展评价方法，评价出 2011—2020 年河南省引黄受水区高质量发展水平，摸清现状，为调控高质量发展水平奠定基础。

4.1　高质量发展评价指标体系框架

1. 总体框架

高质量发展评价指标体系是多要素相互联系而构成的有机整体，主要包括 5 个相互关联的基本要素，即评价目标与主要任务、评价理论方法、评价实施、评价制度、评价成果应用。高质量发展评价指标体系框架如图 4-1 所示。

（1）评价目标与主要任务是评价工作进行的方向，是进行评价工作希望得到的最终成果。

（2）评价理论方法是评价工作顺利推进的基础，由理论、方法等构成。评价理论是关于评价知识的理解和论述；评价方法是为实现评价目的而采用的有特定逻辑关系的活动集合。

（3）评价实施是各评价指标体系在特定时间、特定规划中的动态体现，是其他评价指标体系要素在评价工作中的具体组合。

（4）评价制度是评价工作推进的依据，评价制度有狭义和广义之分。狭义的评价制度是指关于评价活动的相关规则；广义的评价制度还包括评价活动所依据的关于评价对象的有关规则。

（5）评价成果应用既是评价活动的目的，又是评价活动的结果，是评价指标体系作为开放系统与外部环境相互作用的主要界面。

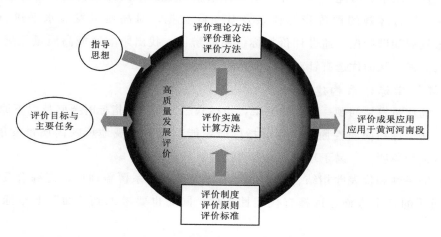

图 4-1 高质量发展评价指标体系框架

2. 具体内容

以习近平生态文明思想为指导，开展高质量发展评价工作，主要内容为：

（1）评价目标与主要任务是科学准确地评价出河南省引黄受水区资源-生态-经济-社会系统的高质量发展水平。

（2）评价理论主要依靠和谐论理论；评价方法选用"单指标量化-多指标综合-多准则集成"方法（以下简称 SMI-P 法）。

（3）评价实施的基本流程为：构建评价指标体系→筛选量化指标→单指标量化→多指标综合→多准则集成。

（4）评价原则是全面、科学、真实地评价出区域高质量发展水平；评价标准根据评价方法和状态要求的不同可有所区别。

（5）评价成果应用在高质量发展评价的基础上，针对存在的高质量发展问题采取一些调控措施以提高高质量发展水平，使得区域能够朝着高质量且和谐的方向发展，即高质量发展和谐调控。

4.2　高质量发展评价指标体系构建

4.2.1　评价指标体系构建及量化指标筛选原则

1. 评价指标体系构建目的

通过评价指标体系能有效地反映出评价参与者之间的相关关系，有助于认识和评价高质量发展水平，并且有助于笔者认识到改善哪些指标或者从哪些方面努力能够提高高质量发展水平。因此，建立评价指标体系主要有如下两方面目的：①评价高质量发展水平，通过客观的评价指标体系及其实际数据，对高质量发展水平进行评价；②高质量发展和谐调控，通过评价指标体系的辨识，找出影响区域高质量发展水平的关键制约因素，从而优选有针对性的调控路径。

2. 评价指标体系构建原则

由于高质量发展问题一般比较复杂，指标众多，在选择指标时要坚持以下原则：

（1）科学性和简明性原则。评价指标体系能够较为客观地反映高质量发展水平，且指标含义简单明了、易于理解、具有可比性。

（2）完备性和代表性相结合原则。要求评价指标体系覆盖面广，能综合反映高质量发展问题的各个方面。选择有代表性指标，同时也要考虑到"面"上指标的合理分布。

（3）定性分析和定量分析相结合，以定量为主原则。评价指标体系尽可能选择定量指标，便于客观反映高质量发展水平，同时对一些难以量化的重要指标制定等级，采用打分调查法进行定量转化。

（4）可获取性和可操作性原则。所选取的指标必须能够通过可靠的统计方法或者较为客观的评判获取到可量化的原始数据。同时指标应紧密结合实际，且较易获得，实践中易于操作和应用。只有满足此要求，建立的评价指标体系才具有实际应用价值。

3. 量化指标筛选原则

量化指标的筛选应考虑以下原则：

（1）灵敏性原则。对初步提出的预选指标进行筛选，删除那些对评价指标位序不敏感或不产生影响的指标。从定性的角度分析，删除那些对被评对象的相对位序不产生影响的鉴别力低的或次要的指标。

（2）独立性原则。量化指标之间通常存在一定程度的相关关系，从而使指标数据所反映的信息有所重叠。若评价指标体系中存在着高度相关的指标，就会影响评价结果的客观性。为此，必须删除具有明显相关性的次要指标。

4.2.2 评价指标的选择及体系构建

根据研究区的特点，以水为主线、以解决实际问题为目标、以系统中存在的迫切问题为关键点，选定 30 个评价指标，构建河南省引黄受水区高质量发展量化评价指标体系，以此来对河南省引黄受水区的高质量发展水平进行定量评价。评价指标体系见表 4-1。

表 4-1　　　　　　　　　　　　　评 价 指 标 体 系

目标层	系统层	准则层	指标层	单位	属性	指标编号
高质量发展水平	资源系统	水资源	产水模数	万 m^3/km^2	＋	A_1
			降水量	mm	＋	A_2
			人均用水量	m^3/人	—	A_3
		能源	人均能源消耗量	t 标准煤/人	—	A_4
			人均用电量	kW·h/人	—	A_5
		粮食	人均耕地面积	公顷/人	＋	A_6
			单位播种面积粮食产量	kg/公顷	＋	A_7
	生态系统	水生态	污水处理率	％	＋	B_1
			万元 GDP 废水排放量	亿 m^3/万元	—	B_2
			人均 COD 排放量	t/人	—	B_3
		环境	生活垃圾无害化处理率	％	＋	B_4
			建成区绿化覆盖率	％	＋	B_5
			万元工业增加值废气排放量	t/万元	—	B_6
			人均碳排放量	t	—	B_7
			NDVI 指数		＋	B_8
	经济系统	宏观经济	人均 GDP	元/人	＋	C_1
			GDP 年增长率	％	＋	C_2
			三产占比	％	＋	C_3
			失业率	％	—	C_4
		绿色发展	万元工业增加值用水量	m^3/万元	—	C_5
			万元 GDP 能源消耗量	t 标准煤/万元	—	C_6
		创新驱动	专利授权数	个	＋	C_7
	社会系统	幸福感	城镇化率	％	＋	D_1
			恩格尔系数		—	D_2
			城镇与农村居民可支配收入比值		—	D_3
		软实力	高速公路密度	km/km^2	＋	D_4
			人均受教育年限	年/人	＋	D_5
			万人医疗卫生人员数	人/万人	＋	D_6
		硬件设施	用水普及率	％	＋	D_7
			燃气普及率	％	＋	D_8

（1）资源系统。从水资源、能源、粮食资源3方面的拥有量、利用现状反映资源系统高质量发展水平。水资源方面选取产水模数、降水量反映当地水资源拥有情况，选取人均用水量反映当地水资源消耗情况；能源方面选取人均能源消耗量、人均用电量反映能源使用情况；粮食方面选取人均耕地面积反映土地利用情况，选取单位播种面积粮食产量反映粮食安全供给情况。

（2）生态系统。从水生态、环境两方面反映生态系统高质量发展水平。水生态方面选取污水处理率反映污水处理情况，选取万元GDP废水排放量反映废水排放情况，选取人均COD排放量反映水质情况；环境方面选取生活垃圾无害化处理率反映环卫建设情况，选取建成区绿化覆盖率反映城市绿化建设情况，选取万元工业增加值废气排放量反映空气污染情况。

2020年9月22日，我国政府在第七十五届联合国大会上提出：中国将提高国家自主贡献力度，采取更加有力的政策和措施，二氧化碳排放力争于2030年前达到峰值，努力争取2060年前实现碳中和。本书选取人均碳排放量反映碳排放情况、选取$NDVI$指数反映碳吸收能力，这两个指标均通过遥感来获取。

（3）经济系统。从宏观经济、绿色发展、创新驱动三方面反映经济系统高质量发展水平。宏观经济方面选取人均GDP、GDP年增长率、三产占比、失业率来反映地区整体经济状况；绿色发展方面选取万元工业增加值用水量、万元GDP能源消耗量反映产业节能绿色发展情况；创新驱动方面选取专利授权数从产出的角度反映科技创新情况。

（4）社会系统。从幸福感、软实力、硬件设施三方面反映社会系统高质量发展水平。幸福感方面选取城镇化率反映城市基本建设情况，恩格尔系数来反映人民富裕情况，城镇与农村居民可支配收入比值反映贫富差距情况；软实力方面选取高速公路密度反映对外出行便利情况，选取人均受教育年限反映教育资源情况，选取万人医疗卫生人员数反映医疗建设情况；硬件设施方面选取用水普及率、燃气普及率反映日常生活便利情况。

4.3　高质量发展水平定量评价方法

4.3.1　评价方法

关于多指标综合评价的方法非常多，如模糊综合评价方法、灰色综合评价方法、层次分析方法、物元分析方法等。本研究使用左其亭教授提出的"单指标量化-多指标综合-多准则集成"方法，该评价方法分为单指标量化、多指标综合、多准则集成3大部分。

1. 单指标量化

（1）定量指标的量化方法。由于评价指标体系中包含有定量指标和定性指标，且定量指标的量纲不完全相同，为了便于计算和对比分析，单指标定量描述采用模糊隶属度分析方法。通过模糊隶属函数，把各指标统一映射到 [0，1] 上，隶属度 $\mu_k \in [0，1]$，此方法具有较大的灵活性和可比性。模糊隶属函数为

$$\mu_k(x) = f_k(x) \tag{4-1}$$

本书采用分段线性隶属函数量化方法。在评价指标体系中，各个指标均有 1 个隶属度（记作 μ），取值范围为 [0，1]。为了量化描述单指标的隶属度，做以下假定：各指标均存在 5 个（双向指标为 10 个）代表性数值，即最差值、较差值、及格值、较优值和最优值。取最差值或比最差值更差时该指标的隶属度为 0，取较差值时该指标的隶属度为 0.3，取及格值时该指标的隶属度为 0.6，取较优值时该指标的隶属度为 0.8，取最优值或比最优值更优时该指标的隶属度为 1。

正向指标是指隶属度随着指标值的增加而增加的指标（比如人均耕地面积），逆向指标是指隶属度随着指标值的增加而减小的指标（比如人均用水量）。设 a、b、c、d、e 分别为某指标的最差值、较差值、及格值、较优值、最优值，利用 5 个特征点 $(a，0)$、$(b，0.3)$、$(c，0.6)$、$(d，0.8)$、$(e，1)$ 以及上面的假定可以得到某指标隶属度的变化曲线以及表达式。

正向指标的和谐度计算公式为

$$\mu_{k1} = \begin{cases} 0 & ,x_k \leqslant a_k \\[2mm] 0.3\left(\dfrac{x_k - a_k}{b_k - a_k}\right) & ,a_k < x_k \leqslant b_k \\[2mm] 0.3 + 0.3\left(\dfrac{x_k - b_k}{c_k - b_k}\right) & ,b_k < x_k \leqslant c_k \\[2mm] 0.6 + 0.2\left(\dfrac{x_k - c_k}{d_k - c_k}\right) & ,c_k < x_k \leqslant d_k \\[2mm] 0.8 + 0.2\left(\dfrac{x_k - d_k}{e_k - d_k}\right) & ,d_k < x_k \leqslant e_k \\[2mm] 1 & ,e_k < x_k \end{cases} \tag{4-2}$$

逆向指标的和谐度计算公式为

$$\mu_{k2} = \begin{cases} 1 & ,x_k \leqslant e_k \\ 0.8 + 0.2\left(\dfrac{d_k - x_k}{d_k - e_k}\right) & ,e_k < x_k \leqslant d_k \\ 0.6 + 0.2\left(\dfrac{c_k - x_k}{c_k - d_k}\right) & ,d_k < x_k \leqslant c_k \\ 0.3 + 0.3\left(\dfrac{b_k - x_k}{b_k - c_k}\right) & ,c_k < x_k \leqslant b_k \\ 0.3\left(\dfrac{a_k - x_k}{a_k - b_k}\right) & ,b_k < x_k \leqslant a_k \\ 0 & ,a_k < x_k \end{cases} \qquad (4-3)$$

式中　μ_k——第 k 个指标的隶属度；

x_k——指标值；

a_k——各项指标的最差值，根据指标全国最差水平确定；

b_k——各项指标的较差值，通过插值法确定；

c_k——各项指标的及格值，根据指标全国、黄河流域及河南省平均水平确定；

d_k——各项指标的较优值，通过插值法确定；

e_k——各项指标的最优值，根据指标全国最优水平确定。

指标特征值选取见表 4-2。

表 4-2　　　　　　　指 标 特 征 值 选 取 表

指标编号	a	b	c	d	e	指标编号	a	b	c	d	e
A_1	20	15	10	5	0	C_1	100 000	90 000	80 000	60 000	40 000
A_2	600	500	400	300	200	C_2	10	7.5	5	2.5	0
A_3	200	250	300	350	400	C_3	0.5	0.45	0.4	0.35	0.3
A_4	1	2	3	4	5	C_4	2	2.5	3	3.5	4
A_5	1 000	2 000	3 000	4 000	5 000	C_5	15	20	25	30	35
A_6	0.087	0.067	0.047	0.030	0.013	C_6	0.2	0.4	0.6	0.8	1
A_7	6 000	5 250	4 500	3 750	3 000	C_7	70 000	52 500	35 000	17 500	0
B_1	100	95	90	85	80	D_1	80	75	70	65	60
B_2	1	2	3	4	5	D_2	0.2	0.25	0.3	0.35	0.4
B_3	0.001	0.002	0.003	0.004	0.005	D_3	1	1.5	2	2.5	3
B_4	100	97.5	95	92.5	90	D_4	0.2	0.15	0.1	0.05	0
B_5	50	45	40	35	30	D_5	13	11.5	10	8.5	7
B_6	0	5 000	10 000	15 000	20 000	D_6	200	150	100	75	50
B_7	0.02	0.04	0.06	0.08	0.1	D_7	100	97.5	95	92.5	90
B_8	1	0.9	0.8	0.7	0.6	D_8	100	95	90	85	80

（2）定性指标的量化方法。对一些定性指标的量化，首先按百分制划分若干个等级，并制定相应的等级划分细则，然后制定问卷调查表，采用打分调查法获取单指标的隶属度。

第一种办法：邀请对研究问题比较熟悉的多个专家评判打分，分析各专家所打分数，得出其样本分布的合理性后，求平均值再转换（除以 100）成该指标的隶属度（取值范围 [0，1]）。

第二种办法：如果条件允许，制定问卷后，将问卷发放给熟悉的专家、管理者或决策者、广大群众进行广泛的调查。采取求平均数或加权平均、中位数法、众数法等方法，得到一个代表值，再转换成该指标的隶属度（取值范围 [0，1]）。

2. 多指标综合

反映高质量发展问题的指标一般有多个，可以采取多种方法综合考虑这些指标，以定量描述其状态。本书采用多指标加权计算方法，该方法根据单一指标隶属度按照权重加权计算，即

$$G = \sum_{k=1}^{n} \omega_k \mu_k \in [0,1] \qquad (4-4)$$

式中　G——各系统高质量发展水平；

　　　ω_k——各指标相对于各自子系统的权重，$\sum_{k=1}^{n} \omega_k = 1$。

3. 多准则集成

评价指标体系设有准则层，分为不同准则的指标，即评价指标体系包括目标层—准则层—指标层，这时候需要先根据多个指标综合计算不同准则下的高质量发展水平，再根据不同准则的高质量发展水平加权计算得到最终的高质量发展水平。

不同准则下的高质量发展水平（设为 G_t，$t=1，2，\cdots，T$，T 为准则个数）计算，可以采用多准则集成计算可以采用加权平均或指数权重加权的方法计算，即

$$F = \sum_{t=1}^{T} \omega_t G_t \qquad (4-5)$$

式中　F——该地区高质量发展水平；

　　　ω_t——t 准则的权重，$\sum_{t=1}^{T} \omega_t = 1$。

4.3.2　评价权重的确定

按照权重产生方法的不同，多指标综合评价方法可分为主观赋权法和客观赋权法两大类。主观赋权法采取定性的方法由专家根据经验进行主观判断而得到权重，再对指标进行综合评价，如层次分析法、综合评分法、模糊评价法、指数加权法和功效系数法等。客观赋权法则根据指标之间的相关关系或各项指标的变异系数来确定权数进

行综合评价，如熵值法、神经网络分析法、TOPSIS法、灰色关联分析法、主成分分析法、变异系数法等。权重的赋值合理与否，对评价结果的科学合理性起着至关重要的作用，若某一因素的权重发生变化，将会影响整个评判结果。因此，权重的赋值必须做到科学和客观，这就要求寻求合适的权重确定方法。本书采用主客观相结合的方法，选取层次分析法与熵值法相结合的方法，确定指标的综合权重。

1. 层次分析法

层次分析法是一种层次权重决策分析方法，其基本思想是用目标、准则、方案等层次来系统表达与决策有关的元素，由此进行定性和定量分析。通常包括以下几个步骤：

（1）建立递阶层次结构模型。用层次分析法处理问题时需要构造层次结构模型，层次一般分为目标层、准则层、指标层。

（2）构造各层的判断矩阵。在准则层中，各准则对于目标评价来说重要程度不尽相同，因此所占重要性权重不同，通常用数字1，2，…，9及其倒数作为标度来定义判断矩阵 $A = (a_{ij})_{nn}$。判断矩阵标度定义见表4-3。

表4-3　　　　　　　　　　　　判断矩阵标度定义

标　度	含　义
1	表示两个因素相比，具有相同重要性
3	表示两个因素相比，前者比后者稍重要
5	表示两个因素相比，前者比后者明显重要
7	表示两个因素相比，前者比后者强烈重要
9	表示两个因素相比，前者比后者极端重要
2，4，6，8	表示上述相邻判断的中间值
倒数	若因素 i 与因素 j 的重要性之比为 a_{ij}，则因素 j 与因素 i 重要性之比为 $a_{ji} = 1/a_{ij}$

（3）计算判断矩阵的最大特征值与对应的特征向量，进行层次单排序和一致性检验。计算一致性指标，一致性指标 CI 为

$$CI = \frac{\lambda_{\max} - n}{n - 1} \qquad (4-6)$$

式中　$\lambda_{\max}$——判断矩阵的最大特征值；

n——判断矩阵阶数。

查找平均随机一致性指标 RI，平均随机一致性指标见表4-4。

表4-4　　　　　　　　　　　　平均随机一致性指标

n	1	2	3	4	5	6	7	8	9	10	11	12	13	14
RI	0	0	0.52	0.89	1.12	1.24	1.36	1.41	1.46	1.49	1.52	1.54	1.56	1.58

计算一致性比例，一致性比例 CR 为

$$CR = \frac{CI}{RI} \tag{4-7}$$

当 $CR < 0.10$ 时，可认为判断矩阵满足一致性要求；若 $CR > 0.10$，则应适当修改判断矩阵，使其满足一致性要求。

（4）当一致性检验通过以后，最大特征值所对应的特征向量即为权重向量，将权重向量进行归一化处理，得到的数值即为各个指标的权重。

2. 熵值法

熵值法是通过判断指标的离散程度来确定该指标的权重，离散程度越大，则该指标对综合评价的影响就越大，所占的权重也越大。权重的计算公式为

$$m_k = \frac{1 + \frac{1}{\ln n}\sum\limits_{i=1}^{n}\left(\frac{a_{ik}}{\sum\limits_{i=1}^{n} a_{ik}}\right)\left(\ln\frac{a_{ik}}{\sum\limits_{i=1}^{n} a_{ik}}\right)}{\sum\limits_{k=1}^{l}\left[1 + \frac{1}{\ln n}\sum\limits_{i=1}^{n}\left(\frac{a_{ik}}{\sum\limits_{i=1}^{n} a_{ik}}\right)\left(\ln\frac{a_{ik}}{\sum\limits_{i=1}^{n} a_{ik}}\right)\right]} \tag{4-8}$$

式中　m_k——第 k 个指标的权重；

　　　　n——被评价对象的数量；

　　　　l——指标个数；

　　　　a_{ik}——第 i 个被评价对象第 k 个指标标准化处理后的数值；

　　　　a_{jk}——第 j 个被评价对象第 k 个指标标准化处理后的数值。

采用层次分析法和熵值法各计算出指标权重后，求两者均值则为指标最终权重。

4.3.3 评价标准的确定

为了表述方便，根据高质量发展水平的大小，把高质量发展水平按照高水平、较高水平、中等水平、较低水平、低水平划分成 5 个等级，高质量发展水平等级划分见表 4-5。需要说明的是，这种划分仅仅是定性描述上的，需要人为按照等间距划分的，没有其他缘由。

表 4-5　　　　　　　　　高质量发展水平等级划分表

高质量发展水平	（0，0.2）	[0.2，0.4)	[0.4，0.6)	[0.6，0.8)	[0.8，1)
等级	低水平	较低水平	中等水平	较高水平	高水平

4.4　河南省引黄受水区高质量发展水平现状评价

以 2020 年为例，对河南省引黄受水区高质量发展水平进行评价。

1. 单指标量化

根据式（4-2）、式（4-3）、表4-2计算出各指标隶属度，2020年各指标隶属度见表4-6。

表4-6　　　　　　　　　　　　　**2020年各指标隶属度**

指标编号	隶 属 度													
	郑州	开封	洛阳	平顶山	安阳	鹤壁	新乡	焦作	濮阳	许昌	三门峡	商丘	周口	济源
A_1	0.66	0.86	0.72	0.96	0.64	0.57	0.70	0.89	0.59	0.77	0.53	1	1	0.68
A_2	1	0.98	1	1	0.76	0.72	1	1	0.74	1	1	1	1	0.96
A_3	1	0.47	0.95	0.94	0.70	0.69	0.49	0.37	0.29	0.97	1	1	0.97	0.10
A_4	0.66	0.81	0.47	0.50	0.22	0	0.69	0.06	0.66	0.61	0	0.94	1	0
A_5	0.18	0.73	0	0.27	0.32	0.32	0.27	0	0.56	0.46	0	0.77	0.90	0
A_6	0.31	1	0.77	0.71	0.84	0.80	0.87	0.62	0.83	0.83	1	1	1	0.76
A_7	0.31	0.24	0.32	0.48	0.82	1	0.87	1	0.93	0.80	1	0.76	0.75	0.61
B_1	0.94	0.85	1	0.94	0.92	0.84	0.94	0.97	0.88	0.92	1	0.94	0.87	0.96
B_2	0.05	0.31	0.32	0.46	0.09	0	0	0	0	0.65	0.30	0.15	0.08	0.22
B_3	0.50	0.83	1	0.77	0.43	0.77	1	0.83	0	1	0.83	0.95	0.82	0.66
B_4	1	1	1	1	1	1	1	1	1	1	0.91	0.90	1	1
B_5	0.66	0.70	0.70	0.66	0.68	0.81	0.67	0.66	0.63	0.66	0.75	0.92	0.59	0.69
B_6	0.79	0.80	0.04	0.21	0	0.51	0.19	0.05	0.85	0.76	0.03	0.74	0.95	0
B_7	0.45	0.62	0.62	0.50	0.37	0.39	0.43	0.41	0.45	0.61	0.48	0.71	0.79	0.19
B_8	0.32	0.55	0.60	0.55	0.47	0.55	0.56	0.40	0.35	0.54	0.60	0.57	0.60	0.44
C_1	0.92	0.14	0.49	0.14	0.03	0.34	0.12	0.31	0.06	0.58	0.47	0	0	0.93
C_2	0.43	0.04	0.22	0.42	0.38	0	0.40	0	0.52	0.19	0	0.06	0.26	0.28
C_3	1	0.87	1	0.86	0.83	0.34	0.82	1	1	0.68	0.70	0.78	0.67	0.35
C_4	1	0.78	0.20	0.20	0.61	0.79	0	0	0.15	0.29	0.30	0	0.10	0.31
C_5	1	0.74	0.59	0.41	0.85	1	0.70	0.84	0.58	1	1	0.73	0.73	0.96
C_6	0.82	0.77	0.72	0.56	0.23	0.20	0.62	0.34	0.63	0.79	0.61	0.62	0.87	0
C_7	1	0.09	0.27	0.07	0.09	0.01	0.31	0.24	0.01	0.10	0.01	0.12	0.06	0.02
D_1	0.94	0	0.30	0	0	0.06	0	0.18	0	0	0	0	0	0.45
D_2	0.80	0.86	0.87	0.64	0.82	0.76	0.75	0.71	0.72	0.78	0.83	0.67	0.68	0.79
D_3	0.71	0.56	0.32	0.46	0.55	0.72	0.62	0.73	0.44	0.69	0.62	0.35	0.46	0.71
D_4	0.51	0.43	0.23	0.36	0.24	0.21	0.20	0.35	0.33	0.32	0.18	0.29	0.26	0.42
D_5	0.83	0.49	0.64	0.53	0.50	0.55	0.64	0.67	0.47	0.54	0.61	0.41	0.34	0.74
D_6	0.71	0.57	0.62	0.49	0.43	0.59	0.53	0.53	0.50	0.43	0.62	0.39	0.35	0.36
D_7	1	0.75	0.72	0.92	1	0.91	0.99	0.98	1	0.89	0.93	0.94	0.96	1
D_8	0.75	0.98	1	0.94	0.98	0.96	0.98	0.93	1	0.96	1	0.95	0.95	1

2. 多指标综合

将各指标隶属度通过式（4-4）计算得出各系统高质量发展水平，2020 年指标权重计算结果见表 4-7。计算得各子系统高质量发展水平，见表 4-8。

表 4-7　　　　　　　　　　　　　　　2020 年指标权重计算结果

指标编号	熵值法权重	层次分析法权重	综合权重	指标编号	熵值法权重	层次分析法权重	综合权重
A_1	0.0196	0.1733	0.0965	C_1	0.2123	0.2322	0.2222
A_2	0.0061	0.2862	0.1462	C_2	0.1569	0.0634	0.1102
A_3	0.1031	0.2862	0.1946	C_3	0.0189	0.2041	0.1115
A_4	0.3436	0.0464	0.1950	C_4	0.2116	0.1194	0.1655
A_5	0.4292	0.0414	0.2353	C_5	0.0123	0.1089	0.0606
A_6	0.0263	0.0842	0.0552	C_6	0.0654	0.1089	0.0871
A_7	0.0722	0.0842	0.0782	C_7	0.3225	0.1631	0.24282
B_1	0.0011	0.0938	0.0475	D_1	0.9094	0.2555	0.58243
B_2	0.4692	0.0741	0.2716	D_2	0.0028	0.2555	0.12916
B_3	0.0831	0.084	0.0836	D_3	0.0207	0.1144	0.06754
B_4	0.0005	0.0419	0.0212	D_4	0.0315	0.0403	0.03590
B_5	0.0049	0.1651	0.0850	D_5	0.0167	0.1144	0.06554
B_6	0.3877	0.0378	0.2127	D_6	0.0143	0.1144	0.06437
B_7	0.0390	0.2796	0.1593	D_7	0.0031	0.0573	0.03022
B_8	0.0146	0.2237	0.1192	D_8	0.0015	0.0481	0.02479

表 4-8　　　　　　　　　　　　　　　各子系统高质量发展水平

地区	资源子系统	生态子系统	经济子系统	社会子系统	高质量发展水平
郑州	0.6173	0.4553	0.9042	0.8638	0.7101
开封	0.7208	0.6086	0.3956	0.2794	0.5011
洛阳	0.5602	0.4768	0.4416	0.4441	0.4807
平顶山	0.6591	0.5018	0.2971	0.2429	0.4252
安阳	0.5384	0.2964	0.3376	0.2666	0.3597
鹤壁	0.4925	0.4309	0.3239	0.3142	0.3903
新乡	0.6226	0.3832	0.3347	0.2761	0.4041
焦作	0.4289	0.3151	0.3175	0.3905	0.3630
濮阳	0.5986	0.4106	0.2982	0.2527	0.3900
许昌	0.7445	0.7050	0.4266	0.2724	0.5371
三门峡	0.5250	0.4366	0.3549	0.2878	0.4010
商丘	0.9152	0.6035	0.2216	0.2249	0.4913
周口	0.9521	0.6021	0.2534	0.2256	0.5083
济源	0.3147	0.3235	0.3897	0.5526	0.3952

3. 多准则集成

根据式（4-5）可计算出各地级市的高质量发展水平，其中，各子系统权重均为0.25。各地级市高质量发展水平见表4-8。

根据此方法可将河南省引黄受水区全域高质量发展水平进行量化。

4.4.1　河南省引黄受水区高质量发展时序演变及趋势

根据计算，2011—2020 年河南省引黄受水区高质量发展水平趋势如图 4-2 所示。

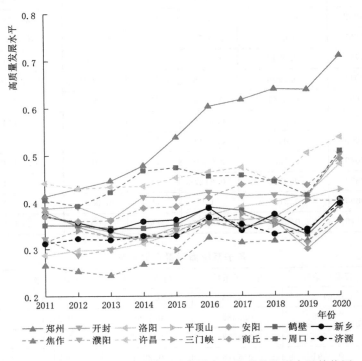

图 4-2　2011—2020 年河南省引黄受水区高质量发展水平趋势图

2011—2020 年，河南省引黄受水区整体高质量发展水平呈波动上升趋势，整体提升了 1 个等级，由较低水平提升至中等水平。郑州高质量发展水平增长速度明显高于其他地市，由 0.41（中等水平）提升到了 0.71（较高水平）；其他各地级市变化趋势差异较小，增长速度缓慢。

4.4.2　河南省引黄受水区高质量发展空间格局及演化

根据计算，2011—2020 年河南省引黄受水区高质量发展空间格局变化示意图如图 4-3 所示。

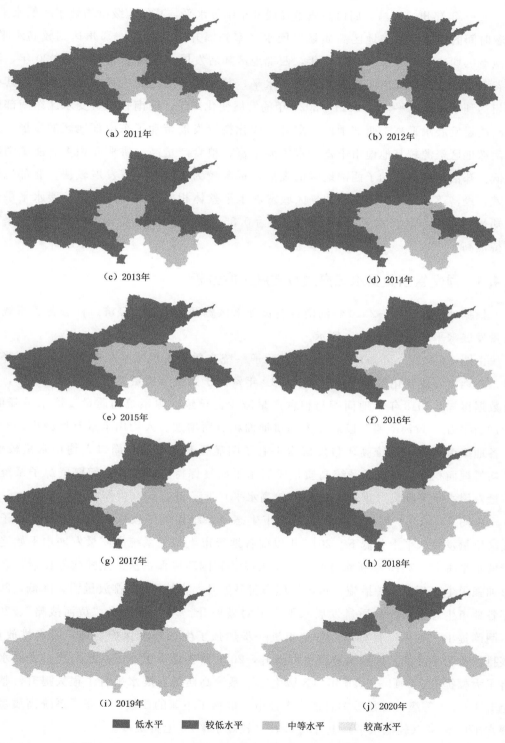

（a）2011年

（b）2012年

（c）2013年

（d）2014年

（e）2015年

（f）2016年

（g）2017年

（h）2018年

（i）2019年

（j）2020年

■ 低水平　■ 较低水平　中等水平　较高水平

图 4 - 3　2011—2020 年研究区高质量发展空间格局变化示意图

2011 年郑州、许昌、周口高质量发展处于中等水平，其他地级市均处于较低水平；随着时间的推移，东南地区高质量发展水平率先提升；2016 年，郑州达到较高水平，东南地区均达到中等水平；2019 年，西部地区随后发展，达到中等水平；2020 年，河南省引黄受水区北部地区基本处于较低水平，其他地市均达到中等及以上水平，其中郑州达到了较高水平。从 2011—2020 年的发展变化来看，河南省引黄受水区东南部地区高质量发展水平高于西部地区，郑开一体化持续发展带动了东南部地区的发展，且东南部地区资源较其他地市丰富，水资源丰富、粮食产量高、耕地面积大、能源消耗量低。郑洛城市圈带动了西部地区的发展，资源较为丰富、经济发展较快。北部地区最差，经济落后、生态本底脆弱。区域发展水平整体相差较大，高质量发展水平最高的郑州为 0.71（较高水平），最低的安阳为 0.35（较低水平），整体高质量发展水平还有待提高。

4.4.3　河南省引黄受水区高质量发展维度分析

根据计算，2011—2020 年河南省引黄受水区资源、生态、经济、社会各子系统高质量发展水平趋势如图 4-4 所示。

由图 4-4（a）可知，各地级市资源子系统高质量发展水平相差较大且有下降趋势，各地市总体变化趋势相差不大。2019 年资源子系统高质量发展水平明显下降，分析数据得知，2019 年耕地面积与粮食产量减少，导致资源系统高质量发展水平降低，2019 年提出"黄河战略"以后，人均耕地面积有所增加、人均用水量有所减少，2020 年各地级市资源子系统高质量发展水平有了明显提升。商丘和周口人均用水量较低、人均耕地面积多，资源子系统高质量发展水平始终保持在高水平；鹤壁资源子系统高质量发展水平下降最严重，由 0.73（较高水平）下降到 0.49（中等水平）。

由图 4-4（b）可知，2011 年各地市生态子系统均处于较低水平，区域生态子系统高质量发展水平十分低下。2015 年以前各地级市生态子系统高质量发展水平始终在较低水平徘徊，2015 年新修订的《中华人民共和国环境保护法》正式实施以后，各地市加强了生态环境保护措施，污水处理率明显提升、人均 COD 排放量明显降低，2016 年各地市生态子系统高质量发展水平有了明显提升。2019 年提出"黄河战略"、2020 年明确提出"双碳"目标后，各地市进一步加强了生态环境保护措施，废水排放量、碳排放量明显降低，区域植被覆盖度提升，2020 年各地市生态子系统高质量发展水平有了大幅提升。2011—2020 年，区域生态子系统高质量发展水平有了很大提升，整体上升 1～2 个等级，许昌着力打造生态强市并取得了不菲的成绩，生态子系统高质量发展水平由 0.33（较低水平）上升到 0.70（较高水平），上升最多。

由图 4-4（c）可知，各地市经济子系统高质量发展水平整体呈现平缓波动上升趋

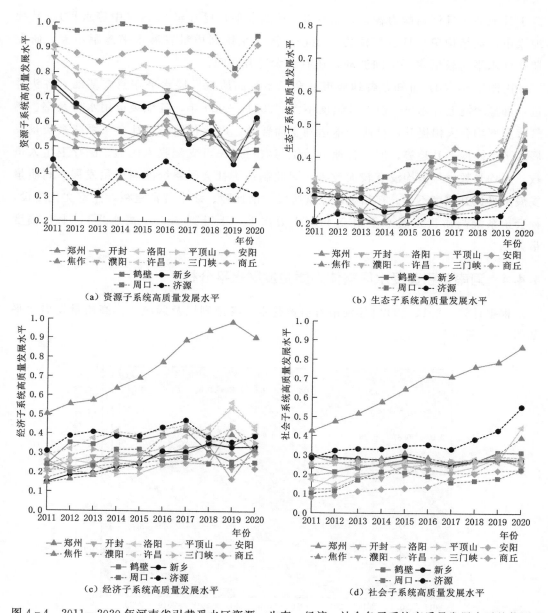

（a）资源子系统高质量发展水平

（b）生态子系统高质量发展水平

（c）经济子系统高质量发展水平

（d）社会子系统高质量发展水平

图 4-4　2011—2020 年河南省引黄受水区资源、生态、经济、社会各子系统高质量发展水平趋势图

势，发展水平差异较大。2020 年经济增速陡降、失业率上升、贸易与跨境投资减少和商品价格异动等负面反应，各地市经济子系统高质量发展水平没有按照以往趋势增长，高质量发展水平下降。区域高质量发展水平分层现象明显，郑州发展水平明显高于其他地级市，郑州专利授权数远远高于其他地级市，说明其科技创新能力较高；万元 GDP 用水量与万元 GDP 能源消耗量均低于其他地级市，说明其绿色发展能力较强；高质量发展水平由 0.5（中等水平）大幅提升至 0.9（高水平）。洛阳次之，人均 GDP

高于其他地市且创新能力较强，由 0.2（较低水平）提升至 0.44（中等水平）。其他地级市产业结构单一且创新能力不足，经济子系统高质量发展水平差距不大，研究期在低水平与较低水平之间波动，还有很大提升空间。

由图 4-4（d）可知，各地级市社会子系统高质量发展水平在原有基础上齐头并进，都呈缓慢上升趋势，但上升幅度不大。2011—2020 年，各地级市用水普及率、燃气普及率均有大幅提升，目前基本达到全面普及，因此各地级市社会子系统高质量发展水平呈缓慢上升趋势。但是各地市城镇与农村居民可支配收入比值、医疗卫生人员数、人均受教育年限均没有较大改善，因此制约了社会子系统的高质量发展，高质量发展水平提升幅度不大。郑州更加注重居民生活保障、缩小贫富差距，注重文化建设，社会子系统高质量发展水平由 0.44（中等水平）上升到 0.86（高水平），上升幅度最大。

4.4.4　河南省引黄受水区整体高质量发展水平分析

根据计算，2011—2020 年河南省引黄受水区各准则层及区域整体高质量发展水平如图 4-5 所示。

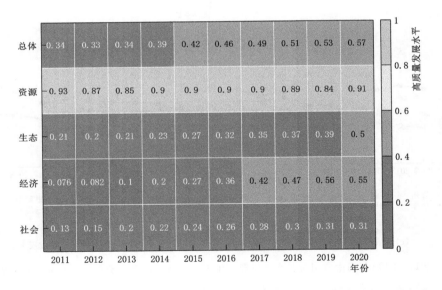

图 4-5　2011—2020 年河南省引黄受水区各准则层及区域整体高质量发展水平

河南省引黄受水区高质量发展水平与资源子系统高质量发展水平匹配性较低，资源子系统高质量发展水平始终波动变化且高于区域整体高质量发展水平，说明河南省引黄受水区资源子系统对资源的节约集约利用与可持续利用较为重视，但有下降趋势，仍需要寻求稳定发展的模式。

　　河南省引黄受水区高质量发展水平比生态子系统高质量发展水平较高，但生态子系统高质量发展水平提升速度较快，说明河南省引黄受水区十分重视生态问题，水体质量、空气质量、城市绿化都得到了重视，但 2020 年生态子系统高质量发展水平仍仅仅处于中等水平，生态问题需持续关注。

　　河南省引黄受水区高质量发展水平始终优于经济子系统高质量发展水平，但经济子系统高质量发展水平提升速度较快，河南省引黄受水区经济发展落后，与全国先进地区有较大差距，人均 GDP、产业结构及绿色发展能力需要进一步提高。

　　河南省引黄受水区高质量发展水平明显高于社会子系统高质量发展水平，社会子系统高质量发展水平始终处于较低及以下水平，说明教育、医疗、就业条件等还需不断提高，社会保障制度还需不断完善，进一步满足人民对美好生活的需求。

4.4.5　各子系统高质量发展和谐水平

　　2011—2020 年各子系统对区域当年高质量发展贡献占比如图 4-6 所示。

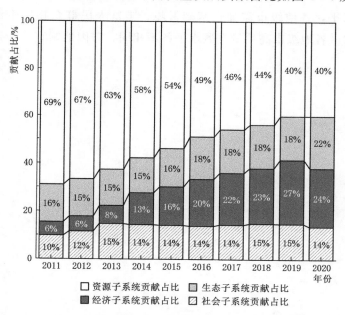

图 4-6　2011—2020 年各子系统对区域当年高质量发展贡献占比图

　　当系统的发展处于和谐平衡状态时，各子系统的贡献占比应各占 25％。由图 4-6 可知，2011—2020 年系统的发展处于非和谐平衡状态，各子系统的贡献占比相差甚多，但资源-生态-经济-社会系统正向着和谐平衡的状态发展。资源子系统高质量发展水平不变，占比减小，说明其他子系统的水平有所提升；生态、经济子系统占比增大，说明其高质量发展水平提升较快；社会子系统占比不变，说明其高质量发展水平提升较慢。

83

综合以上研究，可以得出：

（1）2011—2020 年，河南省引黄受水区整体高质量发展水平呈增长趋势，整体由较低水平上升为中等水平，提高了 1 个等级，但距离高质量发展还有很大空间，整体有待提高。

（2）河南省引黄受水区高质量发展水平空间差异较为明显，中东部地区高质量发展水平高于西部地区，北部地区最差。

（3）资源-生态-经济-社会系统的发展处于非和谐平衡状态，各子系统的贡献占比相差甚多，但系统正向着和谐平衡的状态发展。

（4）各子系统中，资源子系统高质量发展水平始终较高，但有下降趋势，各地级市需加强各类资源的节约集约利用；生态、经济、社会子系统高质量发展水平呈上升趋势，生态子系统基本达到高水平，各级部门仍需通力合作，并且制定严格的法规筑牢生态保护屏障；经济子系统高质量发展水平整体处于较低水平，各地级市需改善产业发展结构、加大创新投入与产出；社会子系统高质量发展水平稳步上升，目前均达到中等及以上水平，各地级市需加强基础保障、丰富人民群众物质生活和精神生活。河南省引黄受水区各地级市高质量发展水平各不相同，需因地制宜、分类施策。

第 5 章

河南省引黄受水区高质量发展和谐调控模型构建及应用

在进行高质量发展评价之后，若发现高质量发展水平较低且系统间不够和谐，则需采取一些措施来提升高质量发展水平，这就是高质量发展和谐调控。本章以高质量发展和谐平衡作用机制和高质量发展评价为基础，以提高高质量发展水平为主要目标，利用 Vensim 软件构建高质量发展和谐调控模型，识别出影响高质量发展的关键制约因素，通过调控区域高质量发展关键制约因素相关的参数，改善参与评价的各指标，进而提升区域高质量发展水平。

5.1 高质量发展和谐调控模型概述

5.1.1 高质量发展和谐调控基本框架

高质量发展和谐调控的基本思路是，首先搭建资源-生态-经济-社会系统间的相互作用关系模型，然后将与模型相关的专业模块方程和相关参数取值嵌入到相互作用关系模型中，即得到调控模型。通过改变调控模型中参数的取值来调控所需改变的评价指标，输出调控过后的指标再次进行高质量发展评价。若高质量发展达到高水平，则得到调控最优路径；若未达到高水平，则需重新调整参数取值，直至达到高水平，得到调控最优路径。高质量发展和谐调控基本框架如图 5 - 1 所示。

5.1.2　高质量发展和谐调控模型构建依据及原则

在科学研究活动中，模型是主体与客体之间的一种
特殊的中介。一方面，模型是主体即科学研究工作者所
创建的、用来研究客体的工具或手段；另一方面，模型
又是客体的代表或替身，是主体进行研究的直接对象。
模型身兼二者，既是工具，又是对象，或者说，科学模
型具有工具性与对象性双重性质。模型作为研究对象，
是为了能够将模型的研究结果有效地外推到原型客体，
因此，必须要求模型与原型具有相似性，而且是本质上
的相似性。同时，模型作为研究手段，是为了便于运用
已有的各种知识和方法，伸展主体的各种才能，因此，
要求模型与原型相比具有明显的简单性。要使相似性与
简单性有机地统一起来，这不是容易的事情，模型需要
不断地经受检验并加以改进。

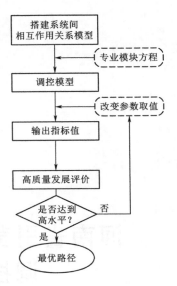

图 5 - 1　高质量发展和谐调控
基本框架图

在本书中，研究总目标是探明区域高质量发展水平并构建调控模型，从而提出提
升高质量发展水平的调控方法。考虑区域存在的实际问题，将区域高质量发展的研究
具体转化到区域资源-生态-经济-社会系统的高质量发展研究，再用模型将系统之间的
联系具体化，搭建出系统中各指标间的相互作用关系模型。高质量发展和谐调控模型
构建原则如下：

1. 相似性与简单性的统一

从相似性来说，我们不可能也不必要要求模型与资源-生态-经济-社会系统全面相
似，即在外部形态、结构、功能、内部关系等所有特征上都一一相似。但必须按照所
要研究问题的性质和目的，使模型与资源-生态-经济-社会系统具有本质上的相似性，
也就是说，要在基本的、主要的方面具有相似性。

2. 可验证性

模型具有与资源-生态-经济-社会系统的相似性，但本质上是否相似性呢？模型具
有简单性，但是否合理呢？这些都需要加以验证。如果一个模型不具有可验证性，就
不是一个科学模型，是没有方法论意义的。一般说来，只要模型具有可操作性，就有
具体的操作过程，并能取得具体的研究结果，这结果是可以与实际进行对照和比较的，
因而就是可检的。如果通过检验发现了模型的缺陷，就要对模型进行修改，甚至
代之以新的模型。如果模型经受了实践检验，还需要从理论上论证其科学性，使之

更加完善。

3. 多种知识和方法的综合运用

建立模型、检验模型和运用模型，都没有刻板的程序和固定的方法，需要综合地灵活地使用多种多样的知识和方法，充分发挥自己的创造性思维能力。要使经验方法与理论方法结合，逻辑思维与非逻辑思维并用。

4. 科学模型的多重功能

模型在研究中体现出多重功能，这正是其能成为现代科学的核心方法，并具有强盛的生命力的重要原因。本书构建的调控模型主要具有 2 个重要的功能和作用。

1）通过模型可以构建出系统间的相互作用关系，可通过模型识别出影响系统高质量发展水平最大的因素。

2）通过分类调控，可研究出最适宜提升区域高质量发展水平的路径，为区域高质量发展提出对策与建议。

通过模型预测资源-生态-经济-社会系统的未来发展情况，无论是做出短期的还是长期的预测，定性的或是定量的预测，对于推动区域高质量发展都具有重要意义。

5.1.3 高质量发展和谐调控模型分类及和谐调控思路

高质量发展和谐调控以 2020 年作为调控基准年，以"十四五"时期（2021—2025 年）作为调控目标年，在 2020 年河南省引黄受水区高质量发展水平计算结果的基础上，评价 2020 年河南省引黄受水区系统间的和谐度，以此为调控基准，将高质量发展水平提高到 0.80 以上、系统和谐度提高到 0.70 以上作为调控目标。

高质量发展和谐调控思路为：首先，判断对象是否需要调控，对比河南省引黄受水区高质量发展水平以及系统和谐度与目标值的大小，低于目标值则需要调控，高于目标值则不需要调控；其次，根据确定的调控对象，找出制约系统高质量发展的关键因素，且要求该因素能够实现调控，针对这些因素设置不同的调控情景；最后，对比分析不同调控情景下的结果，筛选出最优解，如不满足条件则继续返回到情景设置，不断迭代计算，直至满足调控目标。

5.2 高质量发展和谐调控模型构建

5.2.1 模型原理

本书采用嵌入式系统动力学方法，将专业模块方程如水量计算方程、污废水排放量计算方程、污染物排放总量计算方程等嵌入经济社会系统模型中，动态分析区域现状以及规划年资源、生态、经济和社会发展趋势，通过设置不同方案进行高质量发展水平对比分析，最终得到适合河南省引黄受水区高质量发展的最优方案。

　　系统动力学（System Dynamics，SD）由美国学者 J. W. Forrester 提出，是基于系统行为与内在机制的紧密联系性，通过数学模型的建立和运行过程，逐步找出产生变化形式的因果关系，是一门认识并解决系统问题的综合性学科。嵌入式系统动力学（Embedded System Dynamics，ESD）由左其亭教授于 2007 年提出，是在原有系统动力学模型的基础之上，结合自身系统的特点，将自身系统内专业模块方程嵌入到原有系统动力学模型中形成的新的耦合模型。这种耦合模型除了保留原有系统动力学模型的优势以外，还考虑了其他研究领域的问题，这不仅提高了系统动力学的应用水平，对复杂且专业性较强的系统模拟问题也提供了很好的解决思路。

　　模型具体结构是通过系统中相互关联的变量搭建而成的，通过 Vensim 软件中的原因树（Causes tree）和结果树（Uses tree）工具分析。以用水总量为例，其原因树和结果树分别如图 5-2、图 5-3 所示，用水总量由农业用水、工业用水、生态用水、生活用水相加得到，通过用水总量可以计算得到人均用水量和耗水率。其他变量与之类似。

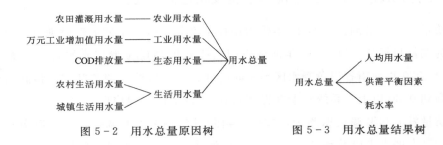

图 5-2　用水总量原因树　　　　　图 5-3　用水总量结果树

5.2.2　基于和谐平衡的高质量发展和谐调控模型

1. 目标函数

在进行高质量发展调控时，调控的最终目的是使区域达到高质量发展水平，不仅要求高质量发展水平达到最高，还要求系统内部保持和谐平衡状态。

2. 模型构建

通过 Vensim 软件构建高质量发展和谐调控模型，为更精准地调控评价结果，将评价指标体系中的指标搭建在调控模型中，若某指标基本达到其最优值，可考虑不搭建在模型中（如用水普及率、燃气普及率等）；若某指标无法进行人为调控，亦可考虑不搭建在模型中。高质量发展和谐调控模型中各指标间的专业模块关系见表 5-1，通过 Vensim 软件构建的高质量发展和谐调控模型如图 5-4 所示。

表 5-1　　　　**高质量发展和谐调控模型中各指标间的专业模块关系**

各指标间的专业模块关系	单位
农村生活用水量＝农村居民人均用水定额×农村人口	亿 m³
农村居民人均用水定额＝WITH LOOKUP (Time,([(2015,0)-(2050,30)], (2015,27.8),(2016,27.7),(2017,27.6),(2018,27.557),(2019,27.5006),(2020,25.0566)))	m³/人
城镇生活用水量＝城镇居民用水定额×城镇人口	亿 m³
城镇居民用水定额＝WITH LOOKUP (Time,([(2015,0)-(2050,60)], (2015,56.92),(2016,56.82),(2017,56.72),(2018,56.6187),(2019,56.8463),(2020,55.7597)))	m³/人
生态用水量＝WITH LOOKUP (Time,([(2015,0)-(2050,30)], (2015,9.06246),(2016,9.06246),(2017,15.4175),(2018,17.9475),(2019,23.218),(2020,27.571)))	亿 m³
供水总量＝地表水供水量＋地下水供水量＋中水回用量	亿 m³
地表水供水量＝WITH LOOKUP (Time,([(2015,0)-(2050,100)], (2015,73.263),(2016,73.713),(2017,82.21),(2018,78.631),(2019,83.291),(2020,79.223)))	亿 m³
地下水供水量＝WITH LOOKUP (Time,([(2015,0)-(2050,100)], (2015,94.716),(2016,96.311),(2017,92.036),(2018,92.377),(2019,88.796),(2020,85.987)))	亿 m³
中水回用量＝污水排放量×污水处理率	亿 m³
污水排放量＝WITH LOOKUP (Time,([(2015,0)-(2050,20)], (2015,14.177),(2016,13.0597),(2017,13.3071),(2018,14.0191),(2019,14.6066),(2020,13.209)))	亿 m³
污水处理率＝WITH LOOKUP (Time,([(2015,0)-(2050,1)], (2015,0.93829),(2016,0.96257),(2017,0.97297),(2018,0.97531),(2019,0.97883),(2020,0.98283)))	%
供需平衡因素＋供水总量/用水总量	
耗水率＝耗水量/用水量	%
耗水量＝WITH LOOKUP (Time,([(2015,0)-(2050,110)], (2015,96.172),(2016,98.332),(2017,101.975),(2018,100.973),(2019,103.767),(2020,101.393)))	亿 m³

各指标间的专业模块关系	单位
COD 排放量＝COD 浓度×污水排放量	t
COD 浓度＝WITH LOOKUP (Time,（[（2015,0）－（2050,0.001）], (2015,0.00066),(2016,0.0002),(2017,0.00022),(2018,0.00016),(2019,0.00012),(2020, 0.00014)))	t/m^3
GDP＝第一产业 GDP＋第二产业 GDP＋第三产业 GDP	元
第一产业 GDP 变化量＝第一产业 GDP×第一产业年增长率	元
第一产业年增长率＝WITH LOOKUP (Time,（[（2015,－1）－（2050,1）], (2016,0.01383),(2017,－0.0448),(2018,0.01485),(2019,0.02438),(2020,0.06512)))	%
第二产业 GDP 变化量＝第二产业 GDP×第二产业年增长率	元
第二产业年增长率＝WITH LOOKUP (Time,（[（2015,－1）－（2050,1）], (2016,0.06618),(2017,0.08938),(2018,0.04863),(2019,－0.0118),(2020,0.04479)))	%
第三产业 GDP 变化量＝第三产业 GDP×第三产业年增长率	元
第三产业年增长率＝WITH LOOKUP (Time,（[（2016,0）－（2050,0.2）], (2016,0.1505),(2017,0.15922),(2018,0.12123),(2019,0.07517),(2020,0.10771)))	%
工业增加值＝第二产业 GDP×0.85	亿元
三产占比＝第三产业 GDP/GDP	
万元工业增加值用水量＝工业用水量/工业增加值	m^3/万元
万元 GDP 能源消耗量＝能源消耗总量/GDP	t 标准煤/万元
能源消耗总量＝WITH LOOKUP (Time,（[（2015,10000）－（2050,30000）], (2015,20946.1),(2016,21043.8),(2017,21584.8),(2018,21793.9),(2019,22172.5), (2020,22528.3)))	10^4 万 t 标准煤
总人口＝农村人口＋城镇人口	人
城镇人口＝总人口×城镇化率	人
城镇化率＝WITH LOOKUP (Time,（[（2015,0）－（2050,1）], (2015,0.49298),(2016,0.52521),(2017,0.52574),(2018,0.54148),(2019,0.5566),(2020, 0.57606)))	%
人口变化量＝总人口×（出生率－死亡率）	人
医疗卫生人员比例＝医疗技术人员/总人口	

续表

各指标间的专业模块关系	单位
死亡率＝WITH LOOKUP (Time,([(2015,0)-(2050,1)], (2015,0.00705),(2016,0.00711),(2017,0.00697),(2018,0.0068),(2019,0.00684),(2020, 0.00715)))	％
医疗技术人员＝WITH LOOKUP (Time,([(2015,0)-(2050,80)], (2015,0.005903),(2016,0.006114),(2017,0.006369),(2018,0.006228),(2019,0.006823), (2020,0.007173)))	人

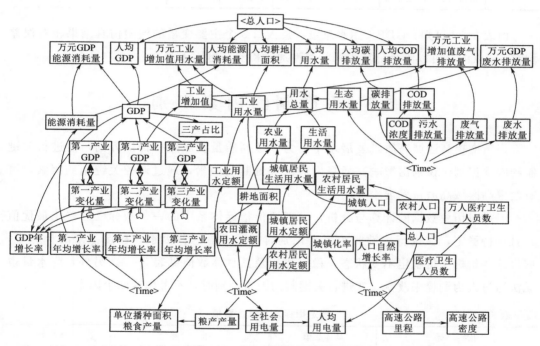

图 5-4 通过 Vensim 软件构建的高质量发展和谐调控模型

5.2.3 模型仿真检验

采用高质量发展和谐调控模型预测 2016—2020 年河南省引黄受水区高质量发展水平并进行模型仿真检验，若仿真结果误差均在 5％ 以内，则模型通过有效性检验。选定 2015 年为基准年，模拟时间步长为 1 年，预测 2016—2020 年河南省引黄受水区高质量发展水平并进行模型仿真检验，设置初始时间为 2015 年，终止时间为 2020 年。本书选取 GDP、用水总量、总人口 3 个主要变量的模拟值进行有效性检验，主要变量检验结果见表 5-2。

表 5 - 2　　　　　　　　　　　　主 要 变 量 检 验 结 果

年份	GDP			用水总量			总人口		
	模拟值 /亿元	实际值 /亿元	相对误差 /%	模拟值 /亿 m³	实际值 /亿 m³	相对误差 /%	模拟值 /万人	实际值 /万人	相对误差 /%
2015	29706.5	29706.45	0	169.338	169.518	-0.11	6880	6880	0
2016	32523.1	32523.06	0	172.343	172.745	-0.23	6918.87	6918	0.01
2017	35673.9	36002.71	-0.91	177.721	178.859	-0.64	6961.42	6944	0.25
2018	39572.6	38806.04	1.98	177.545	176.717	0.47	7003.05	6987	0.23
2019	42720.3	43476.26	1.74	182.106	179.264	1.59	7037.51	7017	0.29
2020	44081.9	43824.24	0.59	173.665	174.426	-0.44	7066.92	7409	-4.61

由表 5 - 2 可知，GDP、用水总量、总人口 3 个主要变量的模型仿真结果相对误差均在 5% 以内，可以满足计算需求，模型通过检验，可用于调控。

5.3　关键制约因素识别

为精准提高区域高质量发展水平，为区域高质量发展路径提供方向，需进行关键制约因素识别，识别出影响高质量发展的关键制约因素，通过调控关键制约因素，可有效提高区域高质量发展水平。

通过对历史数据的计算与分析，发现评价指标体系中的一些指标已经趋于最优值并且保持稳定，在进行关键制约因素识别时，不考虑这些因素。在接下来的计算中，假设这些指标保持稳定不变状态，稳定指标及其具体数值见表 5 - 3。另外，降水量也无法通过人为调控来改变，在进行关键制约因素识别时，不考虑这两个因素。

表 5 - 3　　　　　　　　　　　稳定指标及其具体数值

指　　标	具体数值	指　　标	具体数值
B1 城市污水处理率/%	100	C5 失业率/%	3
B3 生活垃圾无害化处理率/%	100	D8 用水普及率/%	100
B4 建成区绿化覆盖率/%	40	D9 燃气普及率/%	100

本书采用系统内调控识别与灰色关联分析识别 2 种方法相结合的方式进行高质量发展关键制约因素识别研究，这种方式既能考虑到系统间复杂的相互作用关系，又可以兼顾指标面板数据间的关联性。

5.3.1　系统内调控识别

生活中的许多现象不是相互独立的，而是相互作用、相互影响的。一种结果的出现往往是多个因素、多个环节共同作用的结果。如果抛开其他因素，仅考察其中一个因素的影响，那么所得出的结论就可能趋于片面，甚至是错误的。在高质量发展调控模型中，系统内各指标具有复杂的相互影响关系，一个指标的改变可能会引起其他指标的变化，为更加精准地识别对整个系统中指标值影响较大的参数，采用系统内调控识别的方法识别高质量发展关键制约因素。主要思路是一次仅调控某一参数的取值，记录参数对其他指标取值的影响，调控以后输出系统内所有指标值，重新进行高质量发展评价，若某参数的变动对评价结果产生较大影响，则与该参数相关的指标为影响高质量发展的关键制约因素。

高质量发展和谐调控模型中与评价指标相关的参数有 20 个，进行系统内调控识别时，将正向指标的相关参数扩大到原来的 1.25 倍，将负向指标的相关参数缩小到原来的 0.75 倍，将重新进行高质量发展评价后的结果进行记录，仅记录高质量发展水平扩大的倍数。关键制约因素识别分析见表 5 - 4。

表 5 - 4 关键制约因素识别分析表

参　　数	属性	评价结果	参　　数	属性	评价结果
农田亩均灌溉用水定额	—	1.009	COD 浓度	—	1.006
工业用水定额	—	1.009	污水排放量	—	1.006
生态用水量	+	0.997	废气排放量	—	1.008
农村居民用水定额	—	1.001	碳排放量	—	1.01
城镇居民用水定额	—	1.002	第一产业年增长率	+	1.002
能源消耗量	—	1.011	第二产业年增长率	+	1.003
全社会用电量	—	1.004	第三产业年增长率	+	1.007
耕地面积	+	0.996	高速公路密度	+	1.001
粮食产量	+	1.001	医疗卫生人员数	+	1.004
废水排放量	—	1.048	人口自然增长率	+	1.001

由表 5 - 4 可知，对高质量发展水平影响较大的参数是农田亩均灌溉用水定额、工业用水定额、能源消耗量、污水排放量、废气排放量、碳排放量、第三产业年增长率，与之相对应的评价指标分别是人均用水量、万元 GDP 能源消耗量、人均能源消耗量、万元 GDP 废水排放量、万元工业增加值废气排放量、人均碳排放量、三产占比、人均 GDP、GDP 年增长率。

5.3.2　灰色关联分析识别

采用灰色关联分析法对影响各地市高质量发展的关键影响因素进行识别。灰色关联分析是对一个系统发展变化态势的定量描述和比较的方法，在系统发展过程中，若 2 个因素变化的趋势具有一致性，即同步变化程度较高，即可谓二者关联程度较高；反之，则较低。因此，灰色关联分析法，是根据因素之间发展趋势的相似或相异程度，亦即"灰色关联度"，作为衡量因素间关联程度的一种方法。主要计算步骤如下：

（1）确定参考序列与比较序列。参考序列与比较序列分别如下：

参考序列为

$$x_0(1), x_0(2), \cdots, x_0(m) \tag{5-1}$$

比较序列为

$$\begin{cases} x_1(1), x_1(2), \cdots, x_1(n) \\ x_2(1), x_2(2), \cdots, x_2(n) \\ \qquad\qquad \vdots \\ x_m(1), x_m(2), \cdots, x_m(n) \end{cases} \tag{5-2}$$

式中　x_m——第 m 年的数据。

（2）无量纲处理。进行无量纲处理的方法一般有极值化、标准化、均值化和标准差化等方法，考虑到高质量评价中指标分级的特殊性以及计算的便捷性，采用高质量发展评价中的第一步及单指标量化来进行无量纲处理。处理后的参考序列与比较序列分别为 $x_0'(m)$，$x_m'(n)$。

（3）计算灰色关联系数。灰色关联系数为

$$\gamma[x_0(m), x_m(n)] = \frac{\min_i \min_k [\Delta_{0i}(m)] + \rho \max_i \max_k [\Delta_{0i}(m)]}{\Delta_{0i}(m) + \rho \max_i \max_k [\Delta_{0i}(m)]} \tag{5-3}$$

式中　Δ_{0i}——$|x_0'(m) - x_m'(n)|$；

　　　ρ——分辨系数，通常取 0.5。

（4）计算灰色关联度。灰色关联度为

$$\gamma_{0i} = \frac{1}{m} \sum_{k=1}^{m} \gamma[x_0(m), x_m(n)] \tag{5-4}$$

指定河南省引黄受水区整体高质量发展水平为参考序列 $x_0'(m)$，30 个参与评价的指标为比较序列 $x_m'(n)$，根据灰色关联分析可以计算得出各指标灰色关联度，结果见表 5-5。

表 5-5　　　　　　　　　　　各指标灰色关联度结果表

指标编号	A_1	A_2	A_3	A_4	A_5	A_6	A_7	
灰色关联度	0.56	0.44	0.53	0.75	0.81	0.48	0.41	
指标编号	B_1	B_2	B_3	B_4	B_5	B_6	B_7	B_8
灰色关联度	0.52	0.48	0.60	0.54	0.77	0.63	0.84	0.90
指标编号	C_1	C_2	C_3	C_4	C_5	C_6	C_7	
灰色关联度	0.56	0.46	0.63	0.86	0.69	0.77	0.54	
指标编号	D_1	D_2	D_3	D_4	D_5	D_6	D_7	D_8
灰色关联度	0.48	0.67	1.00	0.71	0.89	1.01	0.70	0.61

由表5-5可以清楚地看出灰色关联度较高的指标。为使接下来的调控更精准，在每个系统中选择灰色关联度较高的指标（每个系统不少于2个），得到影响区域高质量发展的关键制约因素，河南省引黄受水区高质量发展关键制约因素有人均能源消耗量、人均用电量、人均碳排放、NDVI指数、失业率、万元GDP能源消耗量、城镇与农村居民可支配收入比值、万人医疗卫生人员数。

5.3.3 识别结果

将系统内调控与灰色关联分析2种识别方法得出的结果进行综合，综合考虑调控指标的可调控性、可提升性，确定高质量发展调控指标，调控指标分别是人均用水量、人均能源消耗量、万元工业增加值废气排放量、人均碳排放量、三产占比、人均GDP、万人医疗卫生人员数，调控指标相关的参数有农田亩均灌溉用水定额、工业用水定额、生态用水量、农村居民用水定额、城镇居民用水定额、能源消耗量、废气排放量、碳排放量、第三产业年增长率、GDP年增长率、医疗卫生人员数，高质量发展调控指标及其相关参数见表5-6。

表5-6 高质量发展调控指标及其相关参数

系统	指标编号	指标	相关参数
资源	A_3	人均用水量	农田亩均灌溉用水定额、工业用水定额、生态用水量、农村居民用水定额、城镇居民用水定额
	A_4	人均能源消耗量	能源消耗量
生态	B_6	万元工业增加值废气排放量	废气排放量
	B_7	人均碳排放量	碳排放量
经济	C_1	三产占比	第三产业年增长率
	C_3	人均GDP	GDP年增长率
社会	D_6	万人医疗卫生人员数	医疗卫生人员数

5.4 高质量发展和谐调控

5.4.1 高质量发展和谐调控类型分析

系统动力学模型作为政策模拟的实验室，可协助管理者进行政策评估，预测系统因政策、措施实施后可能变化的趋势。从第4章量化分析可知，河南省引黄受水区现状条件下高质量发展情况较为低下，亟待采取措施以提高区域高质量发展水平。因此，首先基于前文构建的高质量发展调控模型，参考河南省近年的发展模式、组织状态和政策因素对模型产生影响较大的参数进行不同设计，从而得到具有不同目的的情景发展方案。然后通过对系统进行模拟仿真，即输入不同的参数后通过系统的变化趋势和动态发展情况来预测系统长期的动态变化。最后对仿真结果进行高质量发展评价和对比分析，提出适应河南省引黄受水区高质量发展的综合对策。本书共考虑了如下几种不同的情景发展方案：

（1）现状延续型方案：保持现状发展，在不改变模型参数的前提下，利用实际值模拟未来发展状况。

（2）资源承载型方案：在现状延续型方案的基础上将经济发展放在次要地位，以保护资源为目标，坚守耕地红线的同时尽可能增大耕地面积，尽量减少水资源的使用量。

（3）生态保护型方案：以保护生态为目标，将资源承载、经济发展放在次要地位，注重城市绿化，增加生态用水量，提高污水处理率。

（4）经济发展型方案：以发展经济为目标，片面追求经济因素的高水平发展，增加各行业的发展速度，而不考虑资源与环境的制约。

（5）社会幸福型方案：以人民生活幸福为目标，将资源承载、经济发展放在次要地位，大力发展教育业，完善医疗保障措施，建设居民基本生活的配套设施。

（6）综合发展型方案：对资源承载-生态健康-经济发展-社会幸福的综合调整，资源承载的前提下，在适度发展经济的同时兼顾生态健康，还要达到社会幸福和谐。

5.4.2　高质量发展和谐调控指标参数预测

现状延续型方案是指不进行人为调控时，区域在未来年的高质量发展状态。预测出与指标相关的参数并将参数代入调控模型中，即可得到区域现状延续型状态下的各指标数据。

1. 预测方法

本书的参数预测采用时间序列预测法，时间序列预测法是一种回归预测方法，属于定量预测，其基本原理是：一方面承认事物发展的延续性，运用过去的时间序列数据进行统计分析，推测出事物的发展趋势；另一方面充分考虑到由于偶然因素影响而产生的随机性，为了消除随机波动产生的影响，利用历史数据进行统计分析，并对数据进行适当处理，进行趋势预测。时间序列预测法对于中短期预测的效果较好，对历史数据的时间长度要求较低，可以很好地避免历史数据中的偶然因素对结果的影响。

本书选用自回归滑动平均模型（以下简称 ARMA 模型）对调控模型中的参数进行预测。

2. ARMA 模型

ARMA 模型是时间序列分析的基本模型，由美国统计学家 Box 和英国统计学家

Jenkins 于 1970 年共同提出，是用来估计平稳的不规则波动或时间序列变动的最常见模型。该模型根据客观事物发展的连续规律性，运用历史数据，通过统计分析，推测客观事物未来的发展趋势。

ARMA 模型的原理是将预测指标随时间推移而形成的数据序列看作是一个随机序列，这组随机变量所具有的依存关系体现着原始数据在时间上的延续性，一方面受影响因素的影响，另一方面又有自身变动规律，假定影响因素为 x_1，x_2，$\cdots$，x_k，由回归分析可知

$$Y = \beta_1 x_1 + \beta_2 x_2 + \cdots + \beta_p x_p + Z \tag{5-5}$$

作为预测对象 Y_t 受到自身变化的影响，其规律可体现为

$$Y_t = \beta_1 Y_{t-1} + \beta_2 Y_{t-2} + \cdots + \beta_p Y_{t-p} + Z_t \tag{5-6}$$

误差项在不同时期具有依存关系，可表示为

$$Z_t = \varepsilon_t + \alpha_1 \varepsilon_{t-1} + \alpha_2 \varepsilon_{t-2} + \cdots + \alpha_q \varepsilon_{t-q} \tag{5-7}$$

由此，获得 ARMA 模型表达式，即

$$Y_t = \beta_0 + \beta_1 Y_{t-1} + \beta_2 Y_{t-2} + \cdots + \beta_p Y_{t-p} + \varepsilon_t + \alpha_1 \varepsilon_{t-1} + \alpha_2 \varepsilon_{t-2} + \cdots + \alpha_q \varepsilon_{t-q}$$
$$\tag{5-8}$$

式中　　　　Y——预测对象的观测值；

β_1，β_2，$\cdots$，β_p——回归模型的参数；

Z——误差；

ε_t——白噪声；

α_1，α_2，$\cdots$，α_q——滑动平均模型的参数。

ARMA 模型建模流程如图 5-5 所示，部分编程代码如图 5-6 所示。

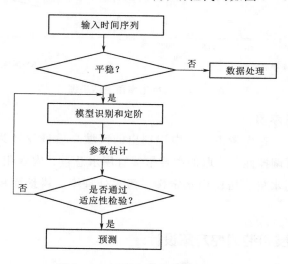

图 5-5　ARMA 模型建模流程图

```
%% 利用阶数得到模型
min_index=find(save_data(:,3)==min(save_data(:,3)));
p_best=save_data(min_index,1);  %p的最优阶数
q_best=save_data(min_index,2);  %q的最优阶数
model1=armax(train_data2,[p_best,q_best])
%% 利用模型预测
L=1ength(test_data);
pre_data=[train_data1';zeros(L,1)];
pre_data1=iddata(pre_data);
pre_data2=predict(model1,pre_data1,L);
pre_data3=get(pre_data2);%得到结构体
pre_data4=pre_data3.OutputData{1,1}(1ength(train_data1)+1:1ength(train_data1)+L);%从结构体里面得到数据
%显示全部
data=[train_data1';pre_data4];%全部的差分值
if pinwen==0 %非平稳时进行差分还原
   data_pre1=cumsum([train_data(1);data]);%还原差分值
elseif pinwen==1
    data_pre1=data;
end
data_pre2=data_pre1(1ength(train_data)+1:end);%最终预测值
```

图 5-6　部分编程代码

3．误差分析

以城镇化率为例，将原始数据输入模型开始预测，预测结果如图 5-7 所示。由图 5-7 可知，利用模型预测的相对误差约为 0.010236，误差相对较小，能够满足本书的计算要求，可按照此方法将模型中的参数逐一预测，预测结果为现状延续型方案下的各参数取值。

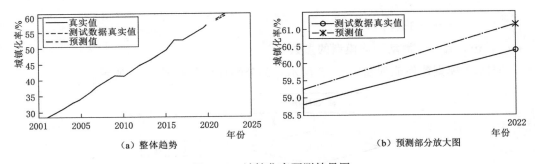

（a）整体趋势　　　　　　　　　　　（b）预测部分放大图

图 5-7　城镇化率预测结果图

4．变量及相关参数

选取模型变量时，首先考虑 5.3 中识别出的区域高质量发展关键制约因素，其次要考虑指标的人为可调控性。选取的主要指标有用水总量、农业用水量、工业用水量、生活用水量、生态用水量、居民用水定额、污水处理率、耕地面积、能源消耗量、医疗卫生人员比例等。

5.4.3　高质量发展和谐调控方案设计

根据上述不同的情景发展方案设计，假定稳定指标保持不变，将不同方案下的参

数值输入到模型中并运行模型，即可得到调控后各指标的具体数值。

调控指标中，与人均用水量相关的指标是用水总量和总人口，与用水总量相关的指标是农业用水量、工业用水量、生活用水量、生态用水量，影响用水总量的参数有农田灌溉用水定额、耕地面积、工业用水定额、城镇居民用水定额、农村居民用水定额；与人均 COD 排放量相关的指标是 COD 排放量和总人口，影响 COD 排放量的参数有 COD 浓度和污水排放量；与万元工业增加值用水量相关的指标是能源消耗量和GDP，影响 GDP 的参数有第一产业年均增长率、第二产业年均增长率、第三产业年均增长率；与万元工业增加值用水量相关的指标是工业增加值和工业用水量（前文出现过，后文不再分析，其他指标亦是）；与常住人口相关的指标是人口变化，影响人口变化的参数有出生率、死亡率。因此为调控上文选出的调控指标的数值，可以改变与之相应的参数，主要包括农田灌溉用水定额、耕地面积、工业用水定额、城镇居民用水定额、农村居民用水定额、COD 浓度、污水排放量、第一产业年均增长率、第二产业年均增长率、第三产业年均增长率等。

首先通过 ARMA 模型预测现状延续型方案下各参数的取值，参数取值见表 5-7。在现状延续型方案的基础上，调控未来年各方案下的参数取值，参数取值见表 5-8～表 5-12。

表 5-7　　　　　　　　　　　　　　现状延续型方案参数取值

年份	2021 年	2022 年	2023 年	2024 年	2025 年
农田灌溉用水定额/(m^3/亩)	119.98	118.81	112.86	114.59	111.89
工业用水定额/(m^3/万元)	18.65	17.74	16.54	14.17	8.96
生态用水量/亿 m^3	28.86	33.2	31.91	40.06	47.16
农村居民用水定额/m^3	23.82	28.8	47.49	36.61	37.87
城镇居民用水定额/m^3	53.02	60.75	65.76	66.33	65.48
能源消耗量/10^3 万 t	22975.18	21289.38	23105.59	20055.77	23702.27
全社会用电量/(kW·h)	2.9×10^7	3.19×10^7	3.31×10^7	3.28×10^7	3.26×10^7
耕地面积/公顷	5122.59	5118.87	5155.55	5144.83	5147.96
粮食产量/(kg/hm)	4398.21	4601.06	4783.12	4805.83	4915.91
废水排放量/亿 m^3	158738.73	190337.08	169599.23	186673.3	75609.23
COD 浓度/(t/m^3)	6.04×10^{-5}	12.08×10^{-5}	8.27×10^{-5}	8.34×10^{-5}	4.22×10^{-5}
废气排放量/t	1.67×10^8	1.63×10^8	1.76×10^8	1.49×10^8	1.45×10^8
碳排放量/t	477	475.35	476.06	473.13	495.65
第一产业年增长率/%	7	6	7	7	8
第二产业年增长率/%	5	6	6	4	5
第三产业年增长率/%	11	11	10	7	9

续表

年份	2021 年	2022 年	2023 年	2024 年	2025 年
人口自然增长率/‰	6	5	5	5	15
城镇化率/％	61	61	63	65	67
高速公路密度/(km/km²)	5244.91	5915.24	5865.75	6052.61	6204.93
医疗卫生人员数/万人	74.33	77.51	80.71	83.05	87.52

表 5-8　　　　　　　　　　　资源承载型方案参数取值

年份	2021 年	2022 年	2023 年	2024 年	2025 年
农田灌溉用水定额/(m³/亩)	116	114	112	110	108
工业用水定额/(m³/万元)	18	17	16	14	8
农村居民用水定额/m³	23	25	27	29	31
城镇居民用水定额/m³	53	55	57	59	61
能源消耗量/10³ 万 t	22000	21000	20000	19000	18000
全社会用电量/(kW·h)	2.9×10^7	2.95×10^7	3×10^7	3.05×10^7	3.1×10^7

表 5-9　　　　　　　　　　　生态保护型方案参数取值

年份	2021 年	2022 年	2023 年	2024 年	2025 年
废水排放量/亿 m³	150000	140000	130000	120000	60000
COD 浓度/(t/m³)	6×10^{-5}	5.5×10^{-5}	5×10^{-5}	4.5×10^{-5}	4×10^{-5}
废气排放量/t	1.6×10^8	1.55×10^8	1.5×10^8	1.45×10^8	1.4×10^8
碳排放量/t	475	470	465	460	455

表 5-10　　　　　　　　　　　经济发展型方案参数取值

年份	2021 年	2022 年	2023 年	2024 年	2025 年
第三产业年增长率/％	11	11.5	12	12.5	13

表 5-11　　　　　　　　　　　社会幸福型方案参数取值

年份	2021 年	2022 年	2023 年	2024 年	2025 年
医疗卫生人员数/万人	75	80	85	90	95

表 5-12　　　　　　　　　　　综合发展型方案参数取值

年份	2021 年	2022 年	2023 年	2024 年	2025 年
农田灌溉用水定额/(m³/亩)	116	114	112	110	108
工业用水定额/(m³/万元)	18	17	16	14	8
农村居民用水定额/m³	23	25	27	29	31
城镇居民用水定额/m³	53	55	57	59	61
能源消耗量/10³ 万 t	22000	21000	20000	19000	18000

年份	2021年	2022年	2023年	2024年	2025年
全社会用电量/(kW·h)	2.9×10^7	2.95×10^7	3×10^7	3.05×10^7	3.1×10^7
废水排放量/亿 m³	150000	140000	130000	120000	60000
COD浓度/(t/m³)	6×10^{-5}	5.5×10^{-5}	5×10^{-5}	4.5×10^{-5}	4×10^{-5}
废气排放量/t	1.6×10^8	1.55×10^8	1.5×10^8	1.45×10^8	1.4×10^8
碳排放量/t	475	470	465	460	455
第三产业年增长率/%	11	11.5	12	12.5	13
医疗卫生人员数/万人	75	80	85	90	95

5.4.4 河南省引黄受水区高质量发展和谐调控结果

在 Vensim 模型中调控各方案下的参数取值，运行模型后即可得到调控指标的仿真结果，得到各指标的取值，评价各调控方案下区域的高质量发展水平，各方案下的调控结果如图 5-8 所示。

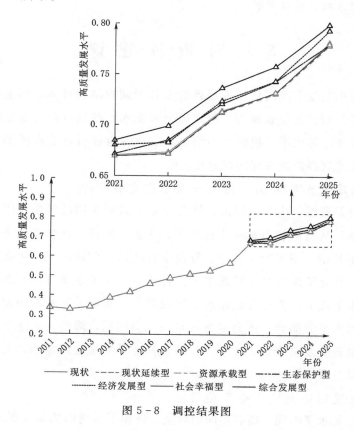

图 5-8 调控结果图

由图 5-8 可以看出，现状延续型方案下，2021—2025 年河南省引黄受水区整体高质量发展水平由 0.66 上升至 0.77，与 2011—2020 年相比，提升速度明显较为缓慢。通过人为调控，其他各方案下区域高质量发展水平与现状延续型方案相比均有所提升。资源承载型、生态保护型、社会幸福型 3 种方案提升效果不明显，调控结果不理想。经济发展型方案调控下，2021—2025 年区域高质量发展水平由 0.67 上升到 0.79，提升较为明显。综合发展型方案调控下，2021—2025 年区域高质量发展水平由 0.67 上升到 0.8，提升效果明显。综上所述，最优的调控方案是综合发展型方案。在外界调控措施作用下，各调控方案下区域高质量发展水平均有所提升，但效果不是十分明显，说明各系统的提升潜力有限，在达到一定程度时，各参数取值受限，在传统的生产生活方式下，无法提升区域高质量发展水平，因此必须要开创新的生产生活方式，走创新道路。在采用调控措施后，区域高质量发展水平最高可以达到 0.8，距离理想水平十分接近，表明采用外界调控措施很有必要，在一定程度上可以保证区域高质量发展。

通过高质量发展调控模型，对影响区域高质量发展的关键制约因素进行调控，区域高质量发展水平可以达到 0.8，说明在外界调控措施作用下，可有效提高区域高质量发展水平，实现区域高质量发展。

5.5　对　策　及　建　议

基于河南省引黄受水区高质量发展评价及和谐调控结果可知，河南省引黄受水区高质量发展水平一般。主要表现为：河南省引黄受水区各地市高质量发展水平时空差距较大，整体处于中等水平。根据本书结论，结合河南省引黄受水区的实际情况，提出河南省引黄受水区高质量发展的对策及建议。

1. 优化高质量发展方向，面向和谐平衡发展。

高质量发展是资源、生态、经济、社会子系统共同作用的结果，因此，需要协调四者之间的关系。从河南省引黄受水区资源、生态、经济、社会 4 个子系统来看，各子系统间发展不和谐、不平衡。其中：资源子系统已达到高水平；生态、经济子系统处于中等水平；社会子系统处于较低水平。若其中 3 个子系统发展水平较高，但另一个子系统发展水平低下，会导致整体水平被拉低。不和谐、不平衡的发展不仅会阻碍区域高质量发展水平的提升，还会带来一系列社会问题，降低人民生活幸福感。综上所述，河南省引黄受水区资源、生态、经济、社会子系统之间需和谐发展，方可整体提高区域高质量发展水平。

2. 各子系统因地制宜，分类施策。

各子系统发展水平不同，需有不同的对策。资源子系统高质量发展水平参差不齐，各地区资源禀赋不同，开发利用情况也不同。其中：资源子系统高质量发展低下的地区可适当减小经济增速，切忌资源换发展；生态子系统高质量发展水平快速提高，需继续保持，建立市场化、多元化的生态补偿机制，大力改善环境质量；经济子系统高质量发展水平差距明显，高的地区可继续保持，低的地区可进一步调整产业结构，并加大创新型产业投入；社会子系统高质量发展水平差距也较明显，居民人均收入、医疗建设情况差异较大，这与城镇化率有关，因此需进一步加快城镇化建设，提高城镇化水平。因地制宜，分类施策，方可整体提高区域高质量发展水平。

3. 瞄准关键制约因素，精准调控。

本书采用系统内调控与灰色关联分析相结合的方式识别关键制约因素，既能考虑到系统间复杂的相互作用关系，又可以兼顾指标面板数据间的关联性；识别出影响高质量发展的关键制约因素有人均用水量、人均能源消耗量、万元工业增加值废气排放量、人均碳排放量、三产占比、人均 GDP、万人医疗卫生人员数；在进行高质量发展和谐调控时，对每个指标都进行调控不易实现，可对关键制约因素进行精准调控，通过调控关键制约因素，可有效提高区域高质量发展水平。

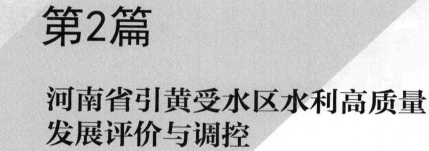

第2篇

河南省引黄受水区水利高质量发展评价与调控

第2篇

第6章

水利高质量发展理论研究

6.1 水利高质量发展的概念与内涵

6.1.1 水利高质量发展的概念

水利高质量发展是社会整体高质量发展的一个重要支撑之一，在水利高质量发展内涵学习与解读方面，水利系统各级部门、相关专业院校以及研究机构为此投入了大量时间与精力，关于新阶段水利高质量发展，以习近平总书记提出的"节水优先、空间均衡、系统治理、两手发力"治水思路以及"创新、协调、绿色、开放、共享"新发展理念为指导思想。汪安南、马林云、陈茂山等都认为"节水优先、空间均衡、系统治理、两手发力"治水思路是实现水利高质量发展的思想武器和行动指南；李彤等以新发展理念构建评价指标体系，对水利风景区高质量发展进行评价；赵钟楠等从系统论角度剖析了高质量发展的机理，分别从宏观、中观、微观尺度解析水利高质量发展复合系统内涵，从流域层面分析水利高质量发展的内涵和战略思路，认为水利高质量发展就是要统筹水资源系统本底条件、经济社会系统的用水方式、水生态系统的状态水平3个变量的稳定关系；王冠军等认为推动水利高质量发展的主要内容就是全面提升"四个能力"；韩宇平等结合四个能力构建了水利高质量发展评价指标体系，对我

107

国水利高质量发展进行评价；谷树忠将水利高质量发展概括为水利的趋利避害、水利事业的高质量运行、经济高质量发展的重要支撑和组分3层涵义。可见，水利部门和相关研究机构研究学者从不同方面对水利高质量发展进行了积极探索研究，但水利高质量发展仍未形成相对统一的概念。

综上所述，现将以上专家学者的关于水利高质量发展的核心思想进行总结凝练，水利高质量发展是指在保障水资源安全和提高水资源利用效率的基础上，推动水利事业向着更加科学、绿色、可持续的方向发展，实现经济、社会和生态效益的协同提升。具体包括提高水资源利用效率和节水减排能力，建设智慧水利系统，推进水资源管理和保护，促进水利产业发展和水生态保护，实现水利事业的可持续发展。

6.1.2　水利高质量发展的内涵

水利高质量发展是指在保障水资源安全、提高水资源利用效率、改善水环境质量、保护水生态环境以及推进水利科技创新等方面，以高标准、高质量、高效率的方式推进水利事业的发展。

保障水资源安全是水利高质量发展的坚实基础。水资源是人类社会生存与发展的重要基础资源，全球水资源总量有限，且分布不均。因此，能否保障水资源的安全稳定地持续供应至关重要。这包括水利主管部门需要建立健全水资源管理制度，加强监测和预警体系，合理调配水资源，优化水资源配置等措施，以确保水资源的稳定供应和高效利用。

提高水资源利用效率是水利高质量发展的重要内容。当前，我国水资源利用效率平均水平仍存在很大提升空间，在生产生活中有大量的水资源被浪费。为了实现水利高质量发展，应当从顶层设计加强水资源调度和管理，加大水资源节约型技术和设施推广力度，利用创新科技来提高农业、工业和家庭用水的效率，减少水的损耗和浪费。同时，加强水资源调查评估，对水利工程合理规划和布局，通过管理和工程两方面来提高水资源的综合利用效益，最终实现经济效益和生态效益的双赢。

改善水环境质量是水利高质量发展的重要目标。水环境质量的良好与否对人类的生存和发展具有十分密切的影响。为了实现水利高质量发展整体目标，应加强水环境保护，通过源头治理以及日常管理来减少水体污染和富营养化现象，着重治理城市和农村的污水排放问题，在水生态系统的保护和修复工作上加大力度，从而提高水环境质量。同时，监督管理部门应当加强水环境监测和评估，加强水环境执法和监管，建立健全水环境管理体系，确保水环境质量的可持续改善。

保护水生态环境是水利高质量发展的重要任务。水利工程建设和运行管理过程中，或多或少会对水生态环境产生负面影响。针对这些问题，应在水利工程规划、设计和建设这些前中期的阶段充分考虑水生态环境的保护相关问题，确保生态系统的完整性和稳定性。同时，应当加强湿地保护与恢复，提高水域生态系统的质量和功能，实现人水系统的和谐发展。

推进水利科技创新是水利高质量发展的重要支撑。水利科技创新是水利事业稳步发展的重要动力和保障。为了实现水利高质量发展，应加大水利科技创新力度，加大对水利科研与技术开发的资金与人才的投入。在具有先进技术时，应当及时推广先进的水利技术和管理经验，同时应当做到加强国际合作与交流，以便于我国水利事业的取长补短，通过以上努力来不断提高我国水利工程建设和管理的水平和质量。

6.2 水利高质量发展判别准则

6.2.1 水利高质量发展目标子系统

水利高质量发展目标子系统包括高质量水安全保障和高质量水利共享 2 个方面。

1. 高质量水安全保障方面

从高质量水安全保障方面，水利高质量发展目标子系统判别准则可以包括以下要素：

（1）水资源供应的稳定性。判断高质量水安全保障的首要准则是水资源供应的稳定性，水资源供应的稳定性包括水量和水质的稳定性，即水资源的可靠供应和水质的良好状况，水旱灾防治的能力。

（2）水灾防治的综合能力。具体内容包括对洪水、干旱等水灾事件的前期预测、监测和后期对水灾后的救灾、恢复和重建工作的能力。

（3）水源地保护能力。水资源安全保障水平与水源地保护程度密切相关，这包括对水源地的生态保护、水体污染的防治、水资源的合理利用等方面，以确保水资源的可持续利用。

2. 高质量水利共享方面

从高质量水利共享方面，水利高质量发展目标子系统判别可以包括以下要素：

（1）水资源的合理分配和利用。水资源的合理分配和利用包括对不同用水部门合理配置水资源，确保资源的公平分配和高效利用。

（2）水利设施的普及和完善。水利设施的普及和完善包括对农村地区、偏远地区和贫困地区的水利设施改造和建设，提高公共服务水平，减少差距，实现水利资源的均衡利用和共享。

（3）水利信息的公开和透明。水利信息的公开和透明包括公开水资源的获取和利用信息，提供相关水利政策和措施的信息，加强水利管理和决策的透明度，保障公众的参与和知情权。

通过以上准则的判断，可以评估高质量水安全保障和高质量水利共享的状况，为制定适合的水利高质量发展策略提供科学依据。同时，需要加强水利管理和监督，推动科技创新和政策改革，营造良好的水资源管理和利用环境，实现水资源的高质量安全保障和高质量共享。只有通过全面推进这些准则，才能促进水利事业的可持续、高质量发展。

6.2.2　水利高质量发展途径子系统

水利高质量发展途径子系统包括水资源节约集约保护、水资源优化配置、水利基础设施建设与水利系统现代化管理4个方面。

1. 水资源节约集约保护方案

从水资源节约集约保护方面，水利高质量发展途径子系统判别准则可以包括以下要素：

（1）水利技术和设备的应用。判断水资源节约集约保护的准则之一是水利技术和设备的应用程度。水利领域有许多节水技术和设备可供选择，如滴灌技术、遥感监测技术和智能灌溉控制系统等。评估一个地区的水资源节约集约保护情况可以看其是否采用了先进有效的水利技术和设备。

（2）节水意识和行为的普及。水利高质量发展需要广大社会成员的参与和行动，因此，节水意识和行为的普及是判别水资源节约集约保护的重要准则之一。这包括加强水资源的宣传教育，提高公众对节水重要性的认识，培养节水的习惯和行为。

2. 水资源优化配置方面

从水资源优化配置方面，水利高质量发展途径子系统判别准则可以包括以下要素：

（1）跨区域水资源调配能力。优化水资源配置需要考虑跨区域水资源调配能力，这包括建立跨区域的水资源调配机制，尤其是对资源有限的地区和需求旺盛的地区进行水资源的平衡配置，以实现资源的优化利用和合理分配。

（2）经济和社会需求的响应能力。水资源的配置必须要能够响应经济和社会的需求。在优化资源配置的过程中，需要考虑各个行业和领域对水资源的需求量和质量要求，进行合理的调配，使得水资源能够满足经济和社会的发展需求。

3. 水利基础设施建设方面

从水利基础设施建设方面，水利高质量发展途径子系统判别准则可以包括以下要素：

（1）基础设施的完善程度。判断水利基础设施建设的关键是基础设施的完善程度，这包括水库、水渠、水闸、泵站等水利工程设施的建设和维护情况。评估一个地区的水利基础设施建设情况，可以看到其基础设施的数量、类型、质量和运行状况。

（2）水利工程的规划和布局。水利基础设施建设还需要考虑规划和布局的合理性，这包括根据不同地区的水资源禀赋和需求，科学规划和布局水利工程，使之在整个区域范围内形成合理的水利网络，实现资源的高效利用和优化配置。

（3）基础设施的可持续发展能力。水利基础设施的建设需考虑其可持续发展的能力，这包括工程的可靠性、耐久性、维护保养成本和工程寿命等方面。符合可持续发展原则的基础设施，能够保证长期的水资源利用和管理。

4. 水利系统现代化管理方面

从水利系统现代化管理方面，水利高质量发展途径子系统判别准则可以包括以下要素：

（1）水资源管理的信息化水平。现代化管理需要考虑水资源管理的信息化水平，这包括建立水资源管理信息平台，推广应用水资源管理信息系统，实现水利数据的收集、处理、分析和共享，提高管理决策的科学性和精确性。

（2）水利管理机构和人员的能力，现代化管理还需要考虑水利管理机构和人员的能力，这包括水利管理机构的组织结构和职责划分是否合理、人员是否具备必要的专业能力和管理能力等方面。

（3）水资源管理的科学性和公正性。现代化管理还需考虑水资源管理的科学性和公正性，这包括建立科学的水资源管理评估和监测体系，确保管理决策的科学性和公正性，避免人为干预和不当行为。

通过以上准则的判断，可以评估水资源节约集约保护、水资源优化配置、水利基础设施建设和水利系统现代化管理的状况，为制定适合的水利高质量发展策略提供科学依据。同时，需要加强水利投入、制度创新、人才培养等方面的工作，推动水利高质量发展取得更好的成效。

6.2.3 水利高质量发展条件子系统

水利高质量发展条件子系统包括区域水资源禀赋和绿色水利发展2个方面。

1. 区域水资源禀赋方面

水利高质量发展条件子系统判别准则可以包括以下要素：

（1）水资源量和水质情况。判断区域水资源禀赋的首要依据是水资源总量和水质状况。对于水资源总量而言，要考虑可利用水量、水资源分布格局、地下水位等因素。对于水质状况而言，要考虑水体污染情况、水质变化趋势等因素。

（2）水资源承载力和可持续利用能力。判断区域水资源禀赋的另一个重要准则是水资源承载力和可持续利用能力。水资源承载力是指在一定时期内，一个区域能够提供的可利用水资源量。可持续利用能力则是指该区域能够长期保持水资源的可持续供应能力。

（3）经济、社会和人口因素。除了水资源量和质量外，还需要考虑区域的经济、社会和人口因素，这包括区域的经济发展水平、产业结构、人口密度等因素，因为这些因素会对水资源需求和利用带来影响，从而影响水利高质量发展的路径选择。

2. 绿色水利发展方面

水利高质量发展条件系统判别准则可以包括以下要素：

（1）环境影响和生态保护。判断绿色水利发展的重要准则是环境影响和生态保护。水利项目的建设和运营过程中，应该注重环境影响评价，从源头上减少对生态环境的破坏，并采取各种措施保护和恢复生态系统，确保项目的环境友好性。

（2）资源保护和节约利用。绿色水利发展还需要考虑资源保护和节约利用的准则。这包括水资源的科学管理和规划，合理利用水资源，减少浪费和损失。

同时，需要注意水资源与其他自然资源的协调利用，避免资源争夺和浪费。

6.3　水利高质量发展路径分析

水利高质量发展路径的确定对于保障国家水资源安全、促进经济社会可持续发展具有重要意义。水利工程是国家重要的基础设施之一，关系到人民日常生活和国家经济社会发展。水利高质量发展路径的确定可以保障水资源的合理利用和科学管理，提高水资源的利用效率和水环境保护水平，进而保障人民生命安全和健康。水利高质量发展路径的确定可以促进经济社会的可持续发展。水利是支撑农业、工业、城市发展的重要基础，水利高质量发展路径的确定可以提高农业生产效率、保障工业改革与发展、改善城市水环境质量，进而推动经济社会可持续发展。

水是国家重要的战略资源，水利高质量发展路径的确定可以促进国家在水利领域的技术创新能力并提升在国际上的竞争力，推动国家在水利领域迈入领先地位。

水利高质量发展路径可从以下几个方面进行分析：

（1）突出水资源保障。加强水资源配置和管理，持续推进节水型社会建设，提高水资源的综合利用效率。

（2）推动现代化水利基础设施建设。注重基础设施的智能化、数字化、信息化等方面的建设，利用科技力量加强水利工程的运行管理和维护。

（3）强化水环境保护。加强污染源监督和治理，设立专管机构进行监督，促进水体水质改善，持续推进生态修复和保护。

（4）提升水利科技创新能力。加强科研机构和企业之间的产学研高度融合，推广先进技术和管理经验应用到实际的工作之中。

（5）促进水利法律法规建设与完善。完善水利法律法规体系，为基层执法提供坚实基础，科学提高违法违规成本，严格监管和执法常规化动态化。

（6）推进水利国际合作。加强与国际组织和相关先进国家的水利交流与合作，学习相关的先进技术和经验。

第 7 章

河南省引黄受水区水利高质量发展评价

　　一个区域的发展水平需要通过科学的方法进行定量评价，以此来准确衡量其是否达到了高质量发展的状态。这种定量评价不仅有助于深入了解区域发展的实际情况，而且对于后续的科学调控和精准施策具有极其重要的指导意义。本书以河南省引黄受水区为研究对象，通过构建一套全面而系统的水利高质量发展评价指标体系，并采用科学合理的方法进行评价，最终计算得出了该地区 2011—2020 年的水利高质量发展水平。这一研究不仅有助于摸清河南省引黄受水区水利高质量发展的具体状况，更为未来进一步提升该地区的水利高质量发展水平提供了有力的数据支持和决策依据。

7.1　水利高质量发展评价指标体系框架

　　基于对水利高质量发展的深入理解和分析，依据科学构建评价指标体系的原则和思路，将水利高质量发展评价体系划分为目标层、准则层和指标层。目标层代表研究的核心目的，即水利高质量发展的最终目标；准则层则是对这一目标进行具体化和细化，将其分解为多个不同方面的分析维度；指标层则进一步细化了准则层，通过具体的指标来衡量和反映各个方面的发展情况。通过仔细筛选和比对，选择了那些对水利高质量发展指数具有重要影响的主要指标，从而构建了一个全面、科学的水利高质量发展评价指标体系。这一体系不仅有助于准确衡量水利高质量发展的水平，更为推动水利事业持续健康发展提供了有力的支撑和保障。水利高质量发展评价体系总体框架如图7-1所示。

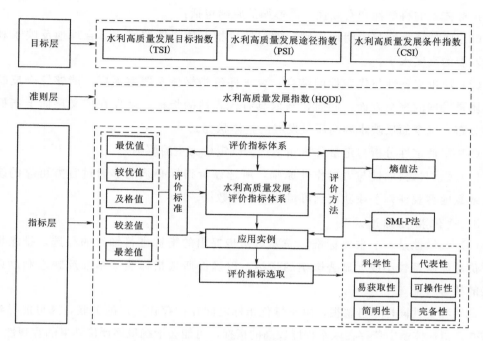

图7-1 水利高质量发展评价指标体系总体框架

7.2 水利高质量发展评价指标体系构建

7.2.1 评价指标体系构建及筛选原则

1. 评价指标体系构建目的

建立科学合理的评价指标体系，旨在有效地揭示各项指标之间的内在联系，这对于深入理解当前水利高质量发展的现状至关重要。通过这一评价指标体系，能够明确影响水利高质量发展的关键因素，从而更清晰地识别出需要优化的指标，进一步提升水利高质量发展的水平。构建评价指标体系的主要目的如下：

（1）其用于定量评估水利高质量发展的水平，通过客观合理的评价指标体系和科学精细的判别准则，提供准确的评价依据。

（2）其服务于水利高质量发展的调控工作，通过深入剖析评价指标体系的各项指标，能够确定影响水利高质量发展的主要制约因素，进而实施有针对性的调控措施和路径优化，推动水利事业实现更高质量的发展。

2．评价指标体系构建原则

鉴于水利高质量发展问题的复杂性和广泛性，指标挑选需遵循一系列原则以确保评价指标体系的科学性和有效性。需遵循的原则包括：

（1）坚持科学性与简明性原则，确保评价指标体系能够客观、合理地反映水利高质量发展的真实水平。

（2）注重完备性与代表性的结合，要求评价指标体系覆盖面广，能够综合反映水利高质量发展的多个方面，同时，选取具有代表性的指标，确保在广义层面上指标的合理分布，以全面反映水利高质量发展的整体状况。

（3）坚持定性分析与定量分析相结合，以定量为主的原则。

（4）强调易获取性与可操作性原则，所选评价指标必须能够通过官方可靠的统计方法或其他客观评判手段获取到可量化的原始数据。

3．量化指标筛选原则

（1）灵敏性是一个重要标准，需要对初步提出的指标进行细致的筛选，排除那些与评价总体联系较小或无显著影响的指标，以确保所选指标能够精准反映水利高质量发展的核心特征。

（2）独立性同样不可忽视，由于量化指标之间往往存在一定的关联，这可能导致信息重叠。指标体系中若存在联系程度较高的指标，可能会干扰最终评价结果的客观性。

7.2.2 筛选原则

1．高质量水安全保障

人均用水量是衡量一个地区水资源量的重要指标，揭示了人们对水的需求和使用水资源的情况，反映了水资源的供需平衡以及水资源开发利用的合理性。

万元 GDP 用水量、万元工业增加值用水量和万元农业增加值用水量与一个地区经济发展和用水效率有十分密切的联系。通过这 3 个指标变化，可以了解到经济发展和水资源的可持续利用之间的平衡程度，从而了解从哪几方面来保障高质量的水安全。

耕地灌溉率是指农业灌溉中的水资源的利用效率，是农业用水管理一项重要指标。通过科技创新来提高耕地灌溉率，可以在一定程度上减少农业用水的浪费，进而保障高质量的水安全。

2．高质量水利共享

较高的人均 GDP 意味着较为发达的经济水平，有关部门将会有更多的资金可以用于水利共享项目的建设和日常维护。同时，较高的人均 GDP 也意味着人们对水资源的需求量更高，因此需要更加完善的水利共享系统来满足此方面需求。

人均绿地面积不仅对于衡量城市生态环境的是一个重要指标，而且对于水利共享程度来说也非常重要。城市中的绿地日常维护和自然景观保护，非常需要相关水利设施的安全和稳定性来加以支撑。

随着我国城镇化的不断推进与发展，城市人口的不断增加和城市化水平的不断提高，使社会对水资源的需求也越来越大，这就需要更完善的水利共享系统来满足人们的需求。

恩格尔系数是衡量家庭食物支出占财务收入状况的一个指标，较低的恩格尔系数意味着家庭财务状况相对较好，人们有更多的资金可以用于水利共享项目的建设和维护。

城乡居民收入具有差距是一个客观存在的问题，与水利共享程度来说也有一定的影响。收入较高的城市居民更有资金可以投入到水利共享项目的新建与维护中，而收入较低的农村居民可能更需要水利共享相关项目来保障日常生活用水。因此，城乡居民收入比与水利共享的发展也具有密切联系。

水资源信息平台整合了各类水利数据，实现了数据的集中存储和统一管理，为水利事业的发展提供了科学全面的数据支持。在此基础上建立大数据监测平台，实现实时监测与预警功能确保了对异常情况的及时发现和处理。通过大数据分析和人工智能技术，平台为水利决策提供了强有力的科学依据，提高了决策效率和准确性，除此之外，信息共享也促进了部门间的协作效率，增强了公众的参与程度。平台的透明化管理、标准化建设等特点，进一步提升了水利行业的整体发展水平，对可持续发展的目标做出了突出贡献。简而言之，水资源信息平台建设作为高质量水利共享的重要支撑，为水利事业的健康发展奠定了坚实基础。

3. 水资源节约集约利用

减少人均综合用水量可以有效节约水资源，提高水资源利用效率；提高工业用水重复利用率可以减少对水资源的消耗，降低水污染，实现水资源的循环利用；提高农作物复种指数可以提高农田的产出，减少耕地占用，实现土地的高效利用。以上3方面对于水资源节约集约利用都具有重要的支撑作用，通过合理利用水资源，可以实现经济、社会和环境的可持续发展。

4. 水资源优化配置

供水综合生产能力反映了水厂的技术水平、设备水平、管理水平等方面的水平，在水资源紧缺的情况下，提高供水综合生产能力可以增加城市的供水保障能力，实现水资源的优化配置。年供水量表现出城市对水资源的需求量，也反映了水资源的利用效率。年供水量的大小直接影响城市的供水保障能力和水资源的利用效率。因此，通过合理规划、科学管理，提高年供水量，可以实现水资源的优化配置。因此供水综合生产能力和年供水量是水资源优化配置方面的重要指标，通过提高供水综合生产能力和年供水量，可以实现保障城乡居民的日常生活用水、工业用水、农业灌溉等方面的需求，对于支撑水资源优化配置具有重要意义。

5. 水利基础设施建设

排水管道密度直接关系到城市的水资源管理效率，高密度的排水管道能够更有效地收集和排除雨水、废水和污水，大大降低城市的排水压力，从而减少水资源浪费和污染，完善的排水系统可以有效减少废水和污水排放对环境的影响。因此，排水管道密度对水利基础设施的重要性在水资源管理效率、降低水灾风险、保护环境、支持城市规划与发展等方面具有很强的体现。通过合理建设和维护高密度的排水管道系统，可以建立更可持续、安全和宜居的城市环境。

自来水普及率反映了水利基础设施建设的普及程度。自来水普及率越高，意味着更多的居民能够享受到优质的自来水服务，这对于保障居民健康、提高生活质量等方面都具有重要的意义。因此，排水管道密度和自来水普及率均为水利基础设施建设方面的重要指标，这两方面的建设提升有助于支撑和推动城市和乡村水利事业的发展。

6. 水利系统现代化管理

建成区绿化覆盖率的提高可以有效地减少城市的热岛效应和空气污染程度，提高城市的生态环境质量与空气质量，进而改善水源地的水质。同时，绿化覆盖率保持在较高水平还可以增加土壤的保水性，减少径流量，进而避免洪涝灾害，提高城市的水资源利用效率，为水利系统现代化管理提供了重要的支撑。

生活垃圾中可能含有有害物质，无害化处理率的提高意味着垃圾中的有害物质被有效处理，减少了垃圾渗滤液对地下水水源的污染风险，保护了水源的安全性。这些无害化处理方法可以降低对水体的污染物排放，净化水体，改善水环境质量。因此，生活垃圾无害化处理率的提高可以在水利系统现代化管理中体现出对水源保护、水污染减少、水体净化和水资源回收利用等方面的积极贡献。这对保障水资源的可持续利用和保护水环境具有重要意义。

7. 区域水资源禀赋

水资源总量反映了该区域水资源的丰富程度和潜在开发利用能力。水资源总量越丰富，区域水资源禀赋支撑程度越高。年降水量是衡量区域水资源禀赋的重要指标之一。年降水量越高，区域水资源禀赋支撑程度越高。人均水资源量反映了该区域人均可利用的水资源数量。人均水资源量越高，区域水资源禀赋支撑程度越高。产水模数反映了该区域经济发展和水资源利用的关系。产水模数越低，说明该区域经济发展和水资源利用效率越高，区域水资源禀赋支撑程度越高。

8. 绿色水利发展

通过控制万元 GDP 废水排放量，可以减少工业和生产活动对水环境的污染，减少废水对水体的直接排放，保护水资源和水生态环境的安全性和稳定性。通过科技创新、工艺改进和环境管理措施，减少废水排放量可以提高资源利用效率，降低生产过程中对水环境的负面影响，推动经济与环境的协调发展，实现水资源的可持续利用。因此万元 GDP 废水排放量是衡量经济发展与环境保护的重要指标，对水利绿色发展具有重要的支撑程度。

人均碳排放是衡量该地区的环保意识和生态文明建设水平的重要指标之一。人均碳排放越低，说明该地区的居民对环保意识越强，对于绿色水利发展具有较高的支撑程度。

城市污水处理率是衡量城市环保水平的重要指标。城市污水处理率越高，表明该地区的城市环保水平较高，对于绿色水利发展具有较高的支撑程度。

NDVI 指数是评估植被状况的指标，对绿色水利发展具有显著支撑作用。它有助于实时监测和评估水域生态系统健康状况，为水利工程规划和生态保护提供依据。并且 NDVI 指数为生态流量调控提供准确数据，确保水生生物多样性和生态完整性。

7.2.3 评价指标选择及评价指标体系

在此选用 30 个指标，构建河南省引黄受水区水利高质量发展评价指标体系，以此来对河南省引黄受水区的水利高质量发展水平进行定量评估。评价指标体系见表 7-1。

表 7-1　　　　　　　　　评 价 指 标 体 系

目标层	系统层	准则层	指 标 层	单 位	属性	参数编号
水利高质量发展水平	水利高质量发展目标	高质量水安全保障	人均用水量	$m^3/人$	+	A_1
			万元 GDP 用水量	$m^3/万元$	—	A_2
			万元工业增加值用水量	$m^3/万元$	—	A_3
			万元农业增加值用水量	$m^3/万元$	—	A_4
			耕地灌溉率	%	+	A_5
		高质量水利共享	人均 GDP	元	+	A_6
			人均绿地面积	$m^2/人$	+	A_7
			常住人口城镇化率	%	+	A_8
			居民恩格尔系数		—	A_9
			城镇与农村居民收入比		—	A_{10}
	水利高质量发展途径	水资源节约集约利用	人均综合用水量	$m^3/人$	—	B_1
			工业用水重复利用率	%	+	B_2
			农作物复种指数		+	B_3
		水资源优化配置	供水综合生产能力	万 m^3/d	+	B_4
			年供水量	亿 m^3	+	B_5
		水利基础设施建设	排水管道密度	km/km^2	+	B_6
			用水普及率	%	+	B_7
		水利系统现代化管理	建成区绿化覆盖率	%	+	B_8
			生活垃圾无害化处理率	%	+	B_9

续表

目标层	系统层	准则层	指标层	单位	属性	参数编号
水利 高质量 发展水平	水利 高质量 发展条件	区域水 资源禀赋	水资源总量	亿 m^3	+	C_1
			年降水量	mm	+	C_2
			人均水资源量	m^3/人	+	C_3
			产水模数	万 m^3/km^2	+	C_4
			人均耕地面积	公顷/人	+	C_5
			三产占比	%	+	C_6
			人口密度	人/km^2	−	C_7
		绿色水利 发展	万元 GDP 废水排放量	t/万元	−	C_8
			人均碳排放	t/人	−	C_9
			城市污水处理率	%	+	C_{10}
			NDVI 指数		+	C_{11}

　　河南省引黄受水区水利高质量发展评价指标体系的构建从水利高质量发展目标、水利高质量发展途径、水利高质量发展条件 3 方面进行展开分析，以此得到较为全面的水利高质量发展评价指标体系。

　　1. 水利高质量发展目标系统

　　从高质量水安全保障和高质量水安全共享 2 个方面来体现水利高质量发展目标子系统的发展水平。高质量水安全保障方面选用人均用水量来反映居民在基础的生活用水上的水资源安全保障程度。选用万元 GDP 用水量来反映地区产出单位经济效益的整体用水水平，以此来反映经济社会发展过程中的节水水平。选用万元工业增加值用水量与万元农业增加值用水量，从工业和农业的角度来反映地区产出单位工业增加值与单位农业增加值的整体用水水平，以此来反映单位产业增加值的水资源利用效率。选用耕地灌溉率来反映农业生产单位和地区水利化程度和农业生产的稳定程度；高质量水利共享方面选用人均 GDP 与常住人口城镇化率来反映经济增长状态。选用人均绿地面积来反映人民的居住环境情况。选用居民恩格尔系数来反映居民生活水平改善情况。选用城镇与农村居民收入比来反映地区的发展协调水平。

　　2. 水利高质量发展途径系统

　　从水资源节约集约利用、水资源优化配置、水利基础设施建设与水利系统现代化管理 4 个方面来体现水利高质量发展途径子系统的发展水平。水资源节约集约利用方面选用人均综合用水量反映水资源的丰、缺状态和人均可利用水资源的程度水平。选用工业用水重复利用率反映工业生产中的水资源节约情况。选用作物复种指数反映农业生产中耕地利用程度。水资源优化配置方面选用供水综合生产能力反映供水设施取水、送水等综合生产能力表现。选用年供水量反映水资源供给能力情况。水利基础设

120

施建设方面选用排水管道密度反映居民供水基础设施的铺设完善情况，选用用水普及率反映居民生活用水基础设施保障供给保障程度。水利系统现代化管理方面选用建成区绿化覆盖率反映现代化管理下城市绿化情况，选用生活垃圾无害化处理率反映现代化管理下水环境侧面保护的发展程度。

3. 水利高质量发展条件系统

从区域水资源禀赋与绿色水利发展 2 个方面来体现水利高质量发展条件子系统水平。区域水资源禀赋选用水资源总量与年降水量来反映本地区的水资源条件情况。选用人均水资源量与人均耕地面积反映当地居民人均资源持有量。第三产业占比反映了当地产业结构。人口密度反映当地人力资源丰富情况。绿色水利发展选用万元 GDP 废水排放量反映单位工业产值的绿色发展情况。根据国家"双碳"目标，特选用人均碳排放来反映碳排放情况。城市污水处理率的选用反映经管网进入污水处理厂处理的城市污水量占污水排放总量的百分比。

7.3　水利高质量发展水平定量评价方法

7.3.1　评价方法

关于水利高质量发展综合评价的方法选用，这里采用左其亭教授的"单指标量化-多指标综合-多准则集成"方法，该评价方法计算分为三大部分：首先对各个指标进行单指标量化；其次将各个指标进行多指标综合处理；最后将各个子系统进行多准则集成。

1. 单指标量化

（1）定量指标的量化方法。由于评价指标体系中分为定量指标和定性指标 2 种情况，且定量指标的量纲不完全相同，为了便于计算和对比分析，单指标定量描述采用模糊隶属度分析方法。通过模糊隶属函数把各指标统一映射到 [0，1] 上，隶属度 $\mu_k \in [0，1]$，此方法具有较大的灵活性和可比性。模糊隶属函数为

$$\mu_k(x) = f_k(x)$$

本书采用分段线性隶属函数量化方法。在评价指标体系中，各个指标均有 1 个隶属度（记作 μ），取值范围为 [0，1]。为了量化描述单个指标的隶属度，做以下假定：各指标均存在代表性数值，即最差值、较差值、及格值、较优值和最优值。取最差值或比最差值更差时该指标的隶属度为 0，取较差值时该指标的隶属度为 0.3，取及格值时该指标的隶属度为 0.6，取较优值时该指标的隶属度为 0.8，取最优值或比最优值更优时该指标的隶属度为 1。

正向指标是指隶属度随着指标值的增加而增加的指标（如人均 GDP），逆向指标是指隶属度随着指标值的增加而减小的指标（如居民恩格尔系数）。设 a、b、c、d、e 分别为某指标的最差值、较差值、及格值、较优值、最优值，利用 5 个特征点 $(a, 0)$、$(b, 0.3)$、$(c, 0.6)$、$(d, 0.8)$、$(e, 1.0)$ 以及上面的假定可以得到某指标隶属度的变化曲线以及表达式。

正向指标的和谐度计算公式为

$$\mu_{k正} = \begin{cases} 0 & ,x_k \leqslant a_k \\ 0.3\left(\dfrac{x_k - a_k}{b_k - a_k}\right) & ,a_k < x_k \leqslant b_k \\ 0.3 + 0.3\left(\dfrac{x_k - b_k}{c_k - b_k}\right) & ,b_k < x_k \leqslant c_k \\ 0.6 + 0.2\left(\dfrac{x_k - c_k}{d_k - c_k}\right) & ,c_k < x_k \leqslant d_k \\ 0.8 + 0.2\left(\dfrac{x_k - d_k}{e_k - d_k}\right) & ,d_k < x_k \leqslant e_k \\ 1 & ,e_k < x_k \end{cases} \tag{7-1}$$

逆向指标的和谐度计算公式为

$$\mu_{k逆} = \begin{cases} 1 & ,x_k \leqslant e_k \\ 0.8 + 0.2\left(\dfrac{d_k - x_k}{d_k - e_k}\right) & ,e_k < x_k \leqslant d_k \\ 0.6 + 0.2\left(\dfrac{c_k - x_k}{c_k - d_k}\right) & ,d_k < x_k \leqslant c_k \\ 0.3 + 0.3\left(\dfrac{b_k - x_k}{b_k - c_k}\right) & ,c_k < x_k \leqslant b_k \\ 0.3\left(\dfrac{a_k - x_k}{a_k - b_k}\right) & ,b_k < x_k \leqslant a_k \\ 0 & ,a_k < x_k \end{cases} \tag{7-2}$$

式中　μ_k——第 k 个指标的隶属度；

x_k——指标值；

a_k——各项指标的最差值，根据指标全国最差水平确定；

b_k——各项指标的较差值，通过插值法确定；

c_k——各项指标的及格值，根据指标全国、河南省以及河南省引黄受水区平均水平确定；

d_k——各项指标的较优值，通过插值法确定；

e_k——各项指标的最优值，根据指标全国最优水平确定。

122

指标特征值选取见表7-2。

表7-2 指标特征值选取表

指标编号	e	d	c	b	a	指标编号	e	d	c	b	a
A_1	400	350	300	250	200	B_6	20	15	10	5	3
A_2	15	30	50	65	80	B_7	100%	97.50%	95%	92.50%	90%
A_3	15	20	25	30	35	B_8	40%	25%	20%	15%	10%
A_4	200	300	400	500	600	B_9	1	0.975	0.95	0.925	0.9
A_5	80%	65%	50%	30%	10%	C_1	168	96	24	14	5
A_6	150000	110000	70000	50000	30000	C_2	600	500	400	300	200
A_7	20	16.5	13	10	7	C_3	3000	2000	1000	500	100
A_8	80%	70%	60%	45%	30%	C_4	20	15	10	5	0
A_9	0.2	0.25	0.3	0.35	0.4	C_5	0.087	0.067	0.047	0.03	0.013
A_{10}	1.7	2.1	2.5	3	3.5	C_6	60%	50%	40%	35%	30%
B_1	200	360	520	660	800	C_7	140	400	625	2000	3500
B_2	100%	75%	40%	30%	10%	C_8	1	2	3	4	5
B_3	3	2.5	2	1.5	1	C_9	0.02	0.04	0.06	0.08	0.1
B_4	2000	1400	620	350	70	C_{10}	100%	95%	90%	85%	80%
B_5	30	25	20	15	10	C_{11}	1	0.9	0.8	0.7	0.6

（2）定性指标的量化方法。对一些定性指标的量化，首先按百分制划分若干个等级，并制定相应的等级划分细则，然后制定问卷调查表，采用打分调查法获取单指标的隶属度。

1）第一种办法：邀请对研究问题比较熟悉的多个专家评判打分，分析各专家所打分数，得出其样本分布的合理性后，求平均值再转换（除以100）成该指标的隶属度（取值范围［0，1］）。

2）第二种办法：制定问卷，将问卷发放给熟悉的专家、管理者或决策者、广大群众进行广泛的调查。采取求平均数或加权平均、中位数法、众数法等方法，得到一个代表值，再转换成该指标的隶属度（取值范围［0，1］）。

2. 多指标综合

反映高质量发展问题的指标一般有多个，可以采取多种方法综合考虑这些指标，以定量描述其状态。本书采用多指标加权计算方法，该方法根据单一指标隶属度按照权重加权计算，即

$$G_t = \sum_{k=1}^{n} \omega_k \mu_k \tag{7-3}$$

式中　ω_k——各指标相对其准则权重；

　　　n——各准则层中评价指标的个数，$\sum_{k=1}^{n} \omega_k = 1$；

　　　μ_k——第k个指标隶属度；

G_t——t 准则层指数。

3. 多准则集成

评价指标体系设有准则层，分为不同准则的指标，即评价指标体系包括目标层—准则层—指标层，这时候需要先根据多个指标综合计算不同准则下的高质量发展水平，再根据不同准则的高质量发展水平加权计算得到最终的高质量发展水平。

不同准则下的高质量发展水平计算式为

$$WHQD = \sum_{t=1}^{3} \omega_t G_t \qquad (7-4)$$

式中　$WHQD$——该地区水利高质量发展水平；

　　　　ω_t——t 准则的权重，$\sum_{t=1}^{3} \omega_t = 1$。

7.3.2　评价权重的确定

按照权重产生方法的不同，多指标综合评价方法可分为主观赋权法和客观赋权法两大类。主客观方法相结合的重要性在于能够综合考虑评价对象的内在特征和外在表现，从而得出更全面、客观、准确的评价结果。具体来说，主观方法强调评价者对评价对象的主观感受和看法，可以反映出评价者的个人经验、价值观和情感因素，但也容易受到主观偏见的影响，导致评价结果不够客观，其中主观赋权法主要有层次分析法、综合评分法、模糊评价法、指数加权法和功效系数法等。而客观方法则强调评价对象的客观表现和数据，可以提供更客观、准确的评价结果，但也可能忽略评价对象的内在特征和个性差异，客观赋权法主要为熵值法、神经网络分析法、TOPSIS 法、灰色关联分析法、主成分分析法、变异系数法等。因此，主客观方法相结合可以弥补彼此的不足，充分考虑评价对象的内在和外在因素，得出更全面、客观、准确的评价结果。

1. 层次分析法

相对于其他评价权重方法，层次分析法的优势在于更加直观和易于理解。该方法将复杂问题分解成若干层次的结构，通过封装和分级的方式更好地反映了问题结构的层级关系。可以通过专家意见和经验信息的收集进行分析和决策，大大提高了评价指标权重的客观性、科学性和实用性。能够灵活处理因素之间的依赖关系，允许因素之间存在多种类型的关系，可以根据实际情况进行修改和更新。

2. 熵权法

熵权法的优势在于更加客观和准确。该方法是基于信息论的原理，通过计算评价因素所包含的信息熵，确定各个评价指标的权重，具有较高的客观性和准确性，适用范围广泛。该方法适用于评价指标间存在不确定性的情况，特别是当评价指标数量较多、权重关系复杂且数据缺失时，该方法显得优越。

选择层次分析法与熵权法相结合的组合权重来确定最终的权重。

7.3.3 评价标准的确定

为了表述方便，根据水利高质量发展水平的大小，把水利高质量发展水平按照高水平、较高水平、中等水平、较低水平、低水平划分成 5 个等级，水利高质量发展水平等级划分见表 7 - 3。

表 7 - 3　　　　　　　　　　水利高质量发展水平等级划分表

水利高质量发展水平	[0，0.2)	[0.2，0.4)	[0.4，0.6)	[0.6，0.8)	[0.8，1]
等级	低水平	较低水平	中等水平	较高水平	高水平

7.4　关键制约因素及系统和谐度测算方法

耦合度为物理学概念，表示 2 个或 2 个以上的系统或运动方式之间相互影响、相互作用的关系。借助耦合度函数可以揭示高质量发展五大子系统之间相互作用、相互影响的内在协同机制。本书建立如下系统和谐度模型对水利高质量发展三大子系统间的和谐平衡程度进行测算，以此来了解系统之间相互作用的程度，以及系统间和谐平衡发展的水平。

7.4.1 关键制约因素评价方法

为了分析区域水利高质量发展差异的原因，从 30 个评价指标中分析影响区域水利高质量发展的主要影响因素，本书引入障碍度模型，为提高区域水利高质量发展提供指导。障碍度 S_k 计算公式为

$$S_k = \frac{(1-\mu_k)(\omega_k\omega_t)}{\sum_{k=1}^{n}[(1-\mu_k)(\omega_k\omega_t)]} \times 100\% \qquad (7-5)$$

7.4.2 系统和谐度评价指标体系标准化处理

本书采用综合评价模型，对水利高质量发展评价指标体系下各指标进行打分，公式为

$$S = \sum_{i=1}^{n}(\omega_i Y_k) \qquad (7-6)$$

式中　　S——各系统发展水平综合指数；

　　　　ω_i——单个评价指标权重；

　　　　Y_k——各指标单因子评价分值。

采用隶属度函数方法对各指标数据进行标准化，以指标标准化值作为单因子评价分值。

7.4.3　系统和谐度模型

系统和谐度模型，不仅能够反映系统之间相互作用的程度，还能体现协调发展的水平。计算式为

$$R = \sqrt{(CT)}, T = \alpha S_1 + \beta S_2 + \gamma S_3 \tag{7-7}$$

$$C = 5 \times \left\{ \frac{S_1 S_2 S_3}{(S_1 + S_2 + S_3)^3} \right\}^3 \tag{7-8}$$

式中　　R——系统和谐度；

　　　　T——系统间综合协调指数；

　α，β，γ——待定系数，$\alpha + \beta + \gamma = 1$，在此认为三大子系统之间重要度相等所以 α、β、γ 均为 0.3333；

　　　　C——水利高质量发展系统耦合度，取值区间为 $[0，1]$，C 越大，说明系统间相互作用越强；

S_1，S_2，S_3——TS 系统、PS 系统、CS 系统综合指数。

综合系统和谐度及相对发展度的计算结果，对水利高质量发展三大子系统的耦合协调发展阶段及类型进行判定，系统协调发展类型划分见表 7-4。

表 7-4　　　　　　　　　　　系统协调发展类型划分表

协调发展程度	$[0，0.1)$	$[0.1，0.2)$	$[0.2，0.3)$	$[0.3，0.4)$	$[0.4，0.5)$
等级	极度失调	严重失调	中度失调	轻度失调	濒临失调
协调发展程度	$[0.5，0.6)$	$[0.6，0.7)$	$[0.7，0.8)$	$[0.8，0.9)$	$[0.9，1.0]$
等级	勉强协调	初级协调	中级协调	良好协调	优质协调

系统和谐度模型反映系统间的协调发展和谐程度，但不能揭示 2 个系统的相对发展程度。为此本书引入相对发展度模型，求取三大子系统两两之间的相对发展系数，即

$$\tau = \frac{S_a}{S_b} \tag{7-9}$$

式中　τ——相对发展度；

S_a，S_b——三大子系统任一系统的综合指数，但不能同时表示为同一个子系统。其中，a，$b = 1$，2，3；且 $a \neq b$。

7.5　河南省引黄受水区水利高质量发展水平现状评价

7.5.1　河南省引黄受水区水利高质量发展水平计算

以 2020 年为例，对河南省引黄受水区水利高质量发展水平进行评价。

1. 单指标量化

根据式（7-2）、式（7-3）计算出各指标隶属度，2020年各市指标隶属度见表7-5。

表7-5　　　　　　　　　　　　　2020年各市指标隶属度

指标编号	郑州	开封	洛阳	平顶山	安阳	鹤壁	新乡	焦作	濮阳	许昌	三门峡	商丘	周口	济源
A_1	0.00	0.69	0.07	0.09	0.45	0.47	0.68	0.75	0.81	0.05	0.00	0.00	0.04	0.94
A_2	1.00	0.66	0.94	0.89	0.61	0.77	0.54	0.69	0.43	1.00	0.94	0.74	0.62	0.82
A_3	1.00	0.74	0.59	0.41	0.85	1.00	0.70	0.84	0.58	1.00	1.00	0.73	0.73	0.96
A_4	0.98	1.00	1.00	1.00	0.79	0.50	0.53	0.68	0.76	0.99	1.00	1.00	1.00	0.00
A_5	1.00	1.00	1.00	1.00	1.00	1.00	1.00	1.00	1.00	1.00	1.00	1.00	1.00	1.00
A_6	0.73	0.29	0.61	0.29	0.18	0.49	0.27	0.46	0.21	0.64	0.61	0.11	0.09	0.73
A_7	0.70	0.66	0.78	0.58	0.55	0.83	0.53	0.72	0.70	0.79	0.81	0.68	0.76	0.52
A_8	0.97	0.44	0.70	0.47	0.46	0.62	0.55	0.66	0.40	0.47	0.55	0.32	0.25	0.75
A_9	0.80	0.86	0.87	0.64	0.82	0.76	0.75	0.71	0.72	0.78	0.83	0.67	0.68	0.79
A_{10}	0.98	0.81	0.61	0.73	0.81	1.00	0.87	1.00	0.72	0.96	0.87	0.64	0.74	0.99
B_1	0.99	0.84	0.98	0.97	0.90	0.89	0.85	0.78	0.73	1.00	1.00	0.99	0.99	0.83
B_2	1.00	1.00	1.00	1.00	1.00	1.00	1.00	1.00	1.00	1.00	1.00	1.00	1.00	1.00
B_3	0.23	0.51	0.32	0.39	0.47	0.35	0.41	0.45	0.45	0.42	0.19	0.55	0.59	0.09
B_4	0.14	0.00	0.06	0.00	0.00	0.00	0.00	0.02	0.00	0.00	0.00	0.00	0.00	0.00
B_5	0.63	0.33	0.30	0.04	0.30	0.00	0.60	0.11	0.20	0.00	0.00	0.21	0.52	0.00
B_6	0.47	0.50	0.41	0.53	0.82	0.56	0.42	0.58	0.74	0.44	0.27	0.44	0.59	0.54
B_7	1.00	1.00	1.00	1.00	1.00	1.00	1.00	1.00	1.00	1.00	1.00	1.00	1.00	1.00
B_8	1.00	1.00	1.00	1.00	1.00	1.00	1.00	1.00	1.00	1.00	1.00	1.00	1.00	1.00
B_9	1.00	1.00	1.00	1.00	1.00	1.00	1.00	1.00	1.00	1.00	1.00	1.00	1.00	1.00
C_1	0.12	0.19	0.47	0.33	0.10	0.00	0.18	0.07	0.00	0.08	0.13	0.60	0.62	0.00
C_2	1.00	0.98	1.00	1.00	0.76	0.72	1.00	1.00	0.74	1.00	1.00	1.00	1.00	0.96
C_3	0.00	0.09	0.13	0.15	0.04	0.02	0.05	0.08	0.01	0.05	0.26	0.16	0.18	0.17
C_4	0.66	0.86	0.72	0.96	0.64	0.57	0.70	0.89	0.59	0.77	0.53	1.00	1.00	0.68
C_5	0.31	1.00	0.77	0.71	0.84	0.80	0.87	0.62	0.83	0.82	0.69	0.99	0.99	0.75
C_6	0.00	0.00	0.00	0.00	0.00	0.00	0.00	0.00	0.00	0.00	0.00	0.00	0.00	0.00
C_7	0.37	0.57	0.74	0.60	0.58	0.58	0.57	0.55	0.54	0.55	0.96	0.58	0.57	0.82
C_8	0.05	0.31	0.32	0.46	0.09	0.00	0.00	0.00	0.00	0.65	0.30	0.15	0.08	0.22
C_9	0.45	0.62	0.62	0.50	0.37	0.39	0.43	0.41	0.45	0.61	0.48	0.71	0.79	0.19
C_{10}	0.94	0.85	1.00	0.94	0.92	0.84	0.94	0.97	0.88	0.92	0.91	0.94	0.87	0.96
C_{11}	0.32	0.55	0.60	0.55	0.47	0.55	0.56	0.40	0.35	0.54	0.60	0.57	0.60	0.44

2. 多指标综合

将各指标隶属度通过式（7-3）计算得出各系统高质量发展水平，其中，权重的确定采用本书第 7 章中介绍的方法，2020 年权重计算结果见表 7-6。计算得各子系统高质量发展水平，见表 7-7。

表 7-6　2020 年指标权重计算结果

指标编号	层次分析法权重	熵值法权重	综合权重	指标编号	层次分析法权重	熵值法权重	综合权重
A_1	0.1895	0.1183	0.1539	B_6	0.0246	0.2998	0.1622
A_2	0.1244	0.0819	0.1031	B_7	0.0669	0.0000	0.0335
A_3	0.0780	0.0879	0.0829	B_8	0.0397	0.0760	0.0579
A_4	0.0497	0.0951	0.0724	B_9	0.2729	0.1384	0.2057
A_5	0.0221	0.0400	0.0310	C_1	0.0709	0.1566	0.1137
A_6	0.2693	0.1032	0.1862	C_2	0.1185	0.0678	0.0931
A_7	0.0324	0.1897	0.1111	C_3	0.2659	0.1201	0.1930
A_8	0.0324	0.1016	0.0670	C_4	0.0709	0.0848	0.0778
A_9	0.1244	0.0931	0.1087	C_5	0.0434	0.0344	0.0389
A_{10}	0.0780	0.0892	0.0836	C_6	0.0283	0.0962	0.0623
B_1	0.2680	0.0835	0.1758	C_7	0.0283	0.0375	0.0329
B_2	0.1431	0.0844	0.1138	C_8	0.0709	0.1644	0.1177
B_3	0.0397	0.0562	0.0480	C_9	0.1185	0.1006	0.1096
B_4	0.0397	0.1236	0.0816	C_{10}	0.1846	0.1375	0.1611
B_5	0.0657	0.0900	0.0779	C_{11}	0.0397	0.0480	0.0439

表 7-7　各子系统水利高质量发展水平

年份	郑州	开封	洛阳	平顶山	安阳	鹤壁	新乡	焦作	濮阳	许昌	三门峡	商丘	周口	济源
2011	0.53	0.43	0.52	0.50	0.48	0.45	0.46	0.47	0.44	0.50	0.56	0.44	0.41	0.52
2012	0.52	0.45	0.52	0.49	0.47	0.45	0.45	0.46	0.42	0.50	0.54	0.40	0.41	0.54
2013	0.54	0.45	0.51	0.47	0.50	0.47	0.47	0.47	0.45	0.51	0.53	0.45	0.43	0.55
2014	0.56	0.51	0.55	0.47	0.52	0.47	0.49	0.51	0.47	0.52	0.57	0.47	0.47	0.56
2015	0.57	0.54	0.55	0.52	0.53	0.51	0.50	0.53	0.48	0.55	0.52	0.48	0.46	0.57
2016	0.61	0.54	0.57	0.52	0.58	0.54	0.53	0.57	0.50	0.55	0.56	0.46	0.49	0.57
2017	0.59	0.54	0.60	0.53	0.55	0.54	0.51	0.57	0.50	0.57	0.60	0.51	0.50	0.59
2018	0.60	0.54	0.59	0.52	0.57	0.55	0.53	0.58	0.51	0.57	0.59	0.53	0.51	0.59
2019	0.60	0.56	0.60	0.55	0.52	0.52	0.51	0.56	0.50	0.59	0.59	0.52	0.49	0.59
2020	0.62	0.62	0.64	0.59	0.58	0.58	0.58	0.61	0.55	0.64	0.61	0.59	0.61	0.62

3. 多准则集成

经计算得出河南省引黄受水区的水利高质量发展水平，其中，各子系统权重均为0.3333。根据此方法可将河南省引黄受水区水利高质量发展水平进行量化。

7.5.2　河南省引黄受水区水利高质量发展时序演变及趋势

根据计算，2011—2020年河南省引黄受水区水利高质量发展水平趋势如图7-2所示。

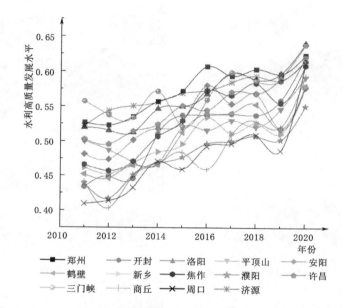

图7-2　2011—2020年河南省引黄受水区水利高质量发展水平趋势图

由图7-2可知，2011—2020年，河南省引黄受水区水利高质量发展水平整体呈现为上升的趋势，其中郑州、开封、洛阳、焦作、许昌、三门峡、周口、济源于2020年初步达到较高水平。

7.5.3　河南省引黄受水区水利高质量发展空间格局特征分析

根据计算，2011—2020年研究区水利高质量发展空间格局变化如图7-3所示。2011—2020年河南省引黄受水区北部地区与东南部地区水利高质量发展水平从整体来看要弱于中部地区。郑州、洛阳、开封这3个地市整体来看，水利高质量发展水平在每一年基本都可以排到前列，这也从侧面体现出了郑开一体化、郑洛城市圈带动发展效果，但主要原因还是得益于中部地区大多为平原，含水量与山丘地区相比较为丰富，耗水量低且粮食产量较高，从2018年开始郑州、洛阳、开封逐步开始达到较高发展水平。

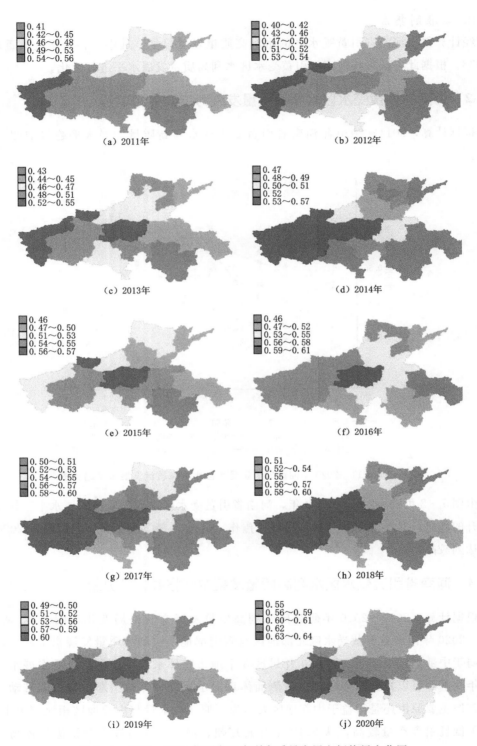

图 7 - 3　2011—2020 年研究区水利高质量发展空间格局变化图

7.5.4 河南省引黄受水区水利高质量发展维度分析

根据计算绘得河南省引黄受水区水利高质量发展目标、途径、条件3个子系统在2011—2020年的水利高质量发展水平变化趋势，分别如图7-4~图7-6所示。

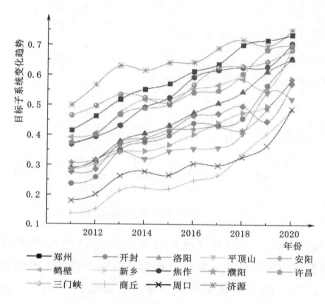

图7-4 目标子系统变化趋势图

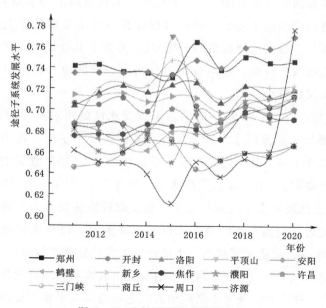

图7-5 途径子系统变化趋势图

131

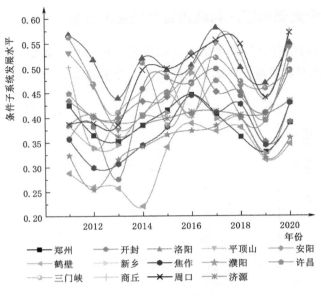

图 7 - 6　条件子系统变化趋势图

由图 7 - 4 可知，2011—2020 年河南省引黄受水区 14 个地级市的水利高质量发展目标子系统（以下简称 TS 子系统）整体呈现为在波动中快速上升的趋势。其中郑州与济源在这 10 年的发展中 TS 子系统发展水平要高于其他 12 个地市，这主要归功于郑州与济源在高质量水安全保障方面的经济发展用水与高质量水利共享的人民受益方面，高质量水安全保障方面的万元 GDP 用水量和万元工业增加值用水量要优于其他地市，这体现出了这两座城市的用水效率较高，可以在较少的用水量基础上产生更多的经济效益，高质量水利共享方面这两地市的人均 GDP 要高于其他地市，并且两地市城镇化率较高且城镇居民收入比较低，这与现状中郑州与济源两地市现实中等人民经济水平以及城镇化建设情况相符合。

由图 7 - 6 可知，2011—2020 年河南省引黄受水区的水利高质量发展途径子系统（以下简称 PS 子系统）的发展水平整体要高于其他两个子系统，自 2011 年开始 14 市地级市整体都要高于 0.6，处于较高发展水平，并在这 10 年的发展中也在缓慢地进行提高，其中郑州、安阳的 PS 子系统发展水平一直在 0.72 以上，在 14 个地级市中位于前列。PS 子系统整体发展水平较高归功于水利基础设施建设较为完善，体现为排水管道基础建设较为完善、较高程度的自来水供水保障能力，以及水利系统现代化管理方面，14 个地级市建成区绿化水平较高，生活垃圾无害化处理率较高。

由图 7 - 6 可知，2011—2020 年河南省引黄受水区水利高质量发展条件子系统（以下简称 CS 子系统）整体上呈现为不断波动的状态，总体水平略有提高，但河南省引黄受水区的 CS 子系统发展水平在 0.6 以下，正在由中等发展水平逐步达到较高发展水平。河南省引黄受水区 CS 子系统发展疲软主要归因于区域水资源禀赋方面的水资源总量、人均水资源量等自然资源条件方面较为短缺，使得河南省引黄受水区 CS 子系统整体发展较为缓慢。

7.5.5 河南省引黄受水区水利高质量发展区域整体水平分析

2011—2020 年河南省引黄受水区各准则层以及区域整体水利高质量发展水平如图 7-7 所示。

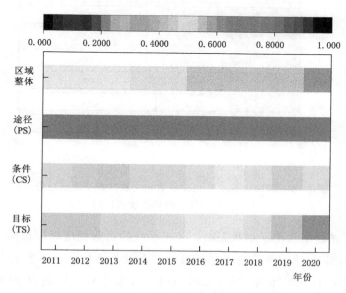

图 7-7 2011—2020 年河南省引黄受水区各准则层以及
区域整体水利高质量发展水平图

河南省引黄受水区区域整体水利高质量发展水平提高主要来自于 PS 子系统的支撑，PS 子系统发展水平呈现为缓慢上升趋势，PS 子系统对于水资源节约集约、水资源优化配置、水利基础设施建设、水利系统现代化管理等方面重视程度较高使得 PS 子系统总体发展程度最高。

河南省引黄受水区水利高质量发展水平与 CS 子系统发展水平匹配度较低，CS 子系统发展水平呈现为不断波动的状态，但没有明显提高，并且 CS 子系统发展水平要低于河南省引黄受水区水利高质量发展水平，说明 CS 子系统对于区域水资源禀赋与绿色水利发展等方面重视程度较低，还需要加大关注力度。

河南省引黄受水区水利高质量区域整体发展水平与 TS 子系统发展水平匹配度低，TS 子系统发展水平呈现为剧烈波动的上升状态，高于河南省引黄受水区水利高质量发展水平，说明 TS 子系统对于高质量水安全保障与高质量水利共享方面比较重视，并且呈现为不断上升的趋势，表示河南省引黄受水区仍对此保持较为积极的态度。

2011—2020 年河南省引黄受水区各子系统对当年水利高质量发展的贡献度占比如图 7-8 所示。

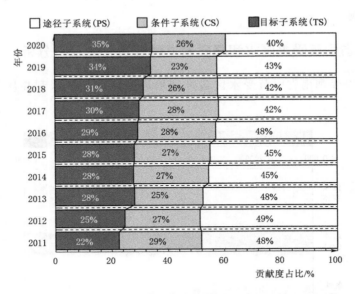

图 7-8　2011—2020 年河南省引黄受水区各子系统对当年水利高质量发展的贡献度占比图

各子系统发展处于和谐平衡状态时，各子系统的贡献程度理应相同，应当各占 1/3 约为 0.33。但由图 7-8 可知，各子系统处于非和谐平衡状态，各系统占比具有一定的差距，其中：在 2011—2020 年 PS 子系统贡献度占比由 48% 发展为 40%，逐渐向占比 1/3 靠拢；CS 子系统贡献度占比呈现为下降趋势，由 29% 降为 26%；TS 子系统贡献度占比持续上升，由 22% 上升到 35%。可以看出 3 个子系统之间的发展失衡原因主要是 PS 子系统与 CS 子系统发展差距较大，需要对此提高重视程度，TS 子系统贡献度保持现状即可。

7.6　引黄受水区水利高质量发展关键制约因素及系统和谐度分析

7.6.1　河南省引黄受水区水利高质量发展关键制约因素识别

河南省引黄受水区水利高质量发展各子系统影响占比如图 7-9、图 7-10 所示。

由图 7-9 各地市子系统层影响占比来看，河南省引黄受水区 14 地市的 TS 子系统对于整体的水利高质量发展水平制约程度最小，郑州、开封、安阳、鹤壁、新乡、焦作、濮阳、许昌、三门峡、济源这 10 个地市的 PS 子系统对于区域整体的发展制约程

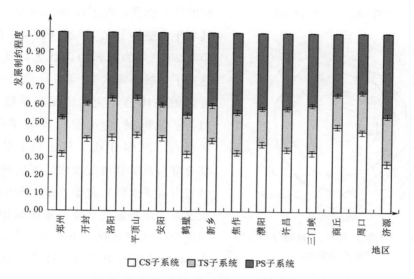

图 7-9 河南省引黄受水区各地市子系统影响占比图

度最大，其余 4 个地市制约程度最大的子系统层为 CS 子系统。

由图 7-10 可以看到，PS 子系统是制约河南省引黄受水区水利高质量发展最严重的系统，这说明需要在水资源节约集约利用、水资源优化配置等方面做出努力。TS 子系统对于河南省引黄受水区水利高质量发展的制约最小，这表现出河南省引黄受水区在高质量水安全保障、高质量水利共享方面的工作优秀。

区域水源禀赋方面的人均水资源量、水资源总量，高质量水利共享方面的人均 GDP，绿色水利发展方面的万元 GDP 工业废水排放量、高质量水安全保障方面

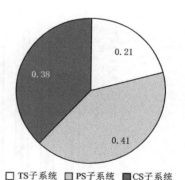

图 7-10 河南省引黄受水区子系统影响占比图

的人均用水量，水利基础设施建设方面的排水管道密度，水资源优化配置方面的供水综合生产能力是制约河南省引黄受水区水利高质量发展的关键因素。其中人均水资源量、人均 GDP、万元 GDP 工业废水排放量、人均用水量、水资源总量、排水管道密度、供水综合生产能力、人均绿地面积 S_k 最高，是河南省引黄受水区水利高质量发展的最主要的关键制约因素。

7.6.2 河南省引黄受水区水利高质量发展系统和谐度分析

水利高质量发展系统耦合度及系统和谐度如图 7-11、图 7-12 所示。由图 7-11 可以看到，2011—2020 年河南省引黄受水区的系统和谐度呈现缓慢波动的趋势，变化

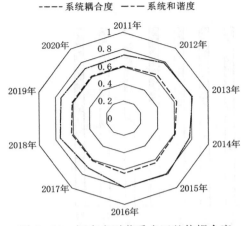

图 7-11　河南省引黄受水区整体耦合度
及系统和谐度

幅度并不剧烈，除了在 2016 年达到了 0.65，其余年份整体上在 0.6 上下浮动，除了 2011 年与 2020 年为勉强协调状态，其他年份都达到了初级协调状态。2011—2020 年系统耦合度的整体趋势变化情况与系统和谐度类似，系统间的相互作用程度在 2013 年、2015 年、2016 年这 3 年达到了最高。系统耦合度与系统和谐度变化情况反映出目前河南省引黄受水区三大子系统之间的平衡协调状况处于不稳定的状态，系统间相互作用的强度也随之而变化。由图 7-12 可以看到，在 14 个地级市中许昌、济源 2 市的系统耦合度与系统和谐度最高，但是相较于其他地市并没有很大差距。

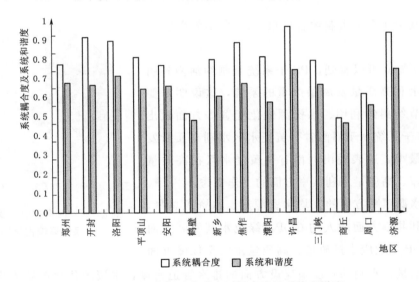

图 7-12　河南省引黄受水区耦合度及系统和谐度

当 2 个子系统之间相对发展度为 1.0 时，说明 2 个子系统之间的发展程度与实力相当，处于相对平衡的状态。数值越大或越小，证明 2 个子系统之间相对发展程度越不平衡。

系统相对发展度时间维度对比如图 7-13 所示。由图 7-13 可以看到：PS 子系统与 CS 子系统相比，2011—2020 年 PS 子系统均强于 CS 子系统，特别是在 2011 年、2019 年、2020 年，这 3 年中 PS 子系统与 CS 子系统之间的发展差距最大；TS 子系统与 CS 子系统相比，起初 2 年 TS 与 CS 子系统之间的发展差距总体上来看相对较小，并且在 2016 年 TS 子系统略弱于 CS 子系统，但整体上 TS 子系统要略强于 CS 子系统；TS 子系统与 PS 子系统相比，2011—2020 年 TS 子系统的发展要略弱于 PS 子系统，但随着 TS 子系统关注度的不断提高，整体来看 TS 子系统与 PS 子系统之间的差距正在逐渐缩小。

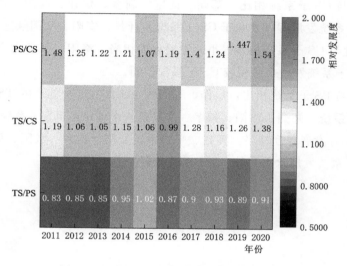

图 7 - 13　系统相对发展度时间维度对比图

河南省引黄受水区各地市水利高质量发展三大子系统两两之间相对发展程度的变化情况如图 7 - 14 所示。

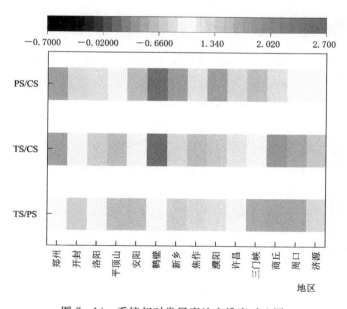

图 7 - 14　系统相对发展度地市维度对比图

PS 子系统与 CS 子系统相比，郑州、开封、安阳、鹤壁、新乡、濮阳、许昌这 7 个地市的 PS 子系统发展程度要强于 CS 子系统。平顶山、焦作、周口、济源这 4 个地市的 PS 子系统发展程度与 CS 子系统相差很小，发展实力相当。洛阳、三门峡、商丘这 3 个地市的 PS 子系统发展水平相较 PS 子系统较弱。

TS 子系统与 CS 子系统相比，郑州、鹤壁、新乡、焦作、濮阳、许昌、济源这 7 个地市的 TS 子系统发展程度要强于 CS 子系统。开封、安阳、三门峡这 3 个地市的 TS 子系统发展程度与 CS 子系统相差很小，发展程度相当。洛阳、平顶山、商丘、周口这 4 个地市的 TS 子系统发展水平相较 CS 子系统较弱。

TS 子系统与 PS 子系统相比，焦作、三门峡、济源这 3 个地市的 TS 子系统发展程度要强于 PS 子系统。郑州、洛阳、鹤壁、许昌这 4 个地市的 TS 子系统发展程度与 PS 子系统相差很小，发展程度相当。开封、平顶山、安阳、新乡、濮阳、商丘、周口这 7 个地市的 TS 子系统发展水平相较 PS 子系统较弱。

第8章

河南省引黄受水区水利高质量发展
调控模型构建及应用

水利高质量发展调控模型是指在水资源保障、水环境保护和水利设施建设等方面，通过科学规划、合理配置和有效管理，实现水资源的高效利用和可持续发展的过程。该模型的核心是和谐发展，即在保障水资源的前提下，兼顾生态环境和经济社会发展的需求，实现水利事业的可持续发展。

水利高质量发展调控模型包括以下几个方面：①科学规划，通过对水资源的调查、评估和预测，制定科学合理的水资源规划，明确水利设施建设的方向和目标，确保水资源的可持续利用；②合理配置，通过对水资源的分配和利用，实现水资源的优化配置，提高水资源的利用效率和经济效益；③有效管理，通过建立完善的水资源管理制度和监管机制，加强水资源的保护和管理，确保水资源的可持续利用和生态环境的保护。

水利高质量发展调控模型的实施需要政府、企业和社会各方面的配合和支持。政府应加强水资源管理和监管，制定一系列水利政策和法规，引导企业和社会各方面参与水资源的保护和利用。企业应加强水资源的管理和利用，实现经济效益和环境效益的双赢。社会各方面应提高水资源的意识，积极参与水资源的保护和利用。

总之，水利高质量发展调控模型是实现水资源可持续利用和生态环境保护的有效途径，需要政府、企业和社会各方面的共同努力。

8.1 水利高质量发展调控模型概述

8.1.1 水利高质量发展调控基本框架

水利高质量发展调控基本框架如图8-1所示，包括以下方面：

（1）制定水资源管理政策和法规，明确水资源的保护、开发和利用原则，建立健全水资源管理体系。

（2）加强水资源监测和评估，提高水资源利用效率，保障水资源的可持续利用。推进水资源节约和水环境保护，加强水污染治理和水生态修复，保证水环境质量。

（3）加快水利设施建设，提高水利设施的质量和效益，确保水资源的有效利用。

（4）加强水利科技创新，推动水利技术进步和水资源利用方式的创新，提高水资源利用效率和水环境保护能力。

（5）加强水利信息化建设，提高水资源管理和调度的科学化和精细化水平，实现水资源管理和调控的精准化和智能化。

（6）推动水利国际合作，加强国际水资源合作和交流，促进水资源的共享和合理利用，实现全球水资源的可持续利用和管理。

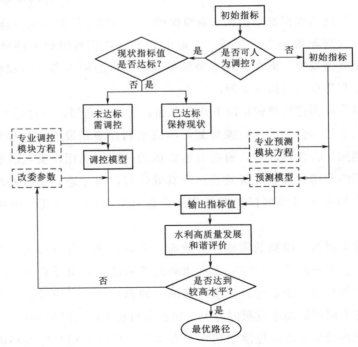

图 8-1 水利高质量发展调控框架图

8.1.2 水利高质量发展调控模型构建依据及原则

1. 构建依据

水利高质量发展调控模型的构建依据主要包括以下几个方面：

（1）国家战略和政策。我国提出了"高质量发展"和"构建和谐社会"的战略目标，水利行业也需要在这一背景下实现水利高质量发展和调控。

（2）社会需求和环境保护。随着经济社会的快速发展，人们对水资源的需求越来越大，同时，水污染和水灾害等问题也日益严重，因此需要建立一种和谐的水资源调控模式，以满足社会需求和环境保护的要求。

（3）技术进步和科学研究。随着科技的不断进步，水利行业也出现了许多新的技术和方法，例如水文预报、水资源评价、水资源优化配置等，这些技术和方法可以为建立水利高质量发展调控模型提供支持和保障。

（4）实践经验和理论基础。我国水利行业在长期的实践中积累了丰富的经验，例如南水北调工程、三峡工程等，这些实践经验可以为建立水利高质量发展调控模型提供借鉴和参考。同时，水利行业也有着较为完善的理论基础，例如水资源管理、水权交易、水资源可持续利用等，这些理论可以为建立水利高质量发展调控模型提供指导和支持。

2. 构建原则

水利高质量发展调控模型的构建依据在于保障水资源安全、推动经济社会可持续发展和生态环境保护的需要。其构建原则包括以下几点：

（1）系统性原则。构建的模型应该具有系统性，能够全面、准确地反映水利高质量发展的各个方面。

（2）真实性原则。构建的模型应该基于真实的水利高质量发展情况，反映实际的问题和挑战。

（3）可操作性原则。构建的模型应该具有可操作性，能够为实际工作提供指导和支持。

（4）可持续性原则。构建的模型应该注重可持续性，考虑到长期的发展和维护。

（5）多元化原则。构建的模型应该考虑到水利高质量发展的多元化特点，涵盖不同的领域和层面。

（6）协同性原则。构建的模型应该具有协同性，能够协调不同部门和利益方的关系，实现和谐发展。

（7）健康性原则。构建的模型应该注重健康性，考虑到水利高质量发展对社会、环境和经济的影响。

8.1.3　水利高质量发展调控思路

随着经济社会的发展，水资源的利用和管理问题越来越引起人们的关注。在今天的社会中，水利高质量发展调控成为了一个重要的议题。水利高质量发展是指在保证水资源可持续利用的前提下，提高水资源的利用效率和水环境的保护水平，实现水利事业的可持续发展。而调控则是指通过科学合理的规划和管理，实现水资源的协调利用和保护，促进水资源的可持续利用。为了实现水利高质量发展调控，需要采取以下措施。

1. 制定科学合理的水资源规划

水资源规划是水利高质量发展调控的基础。制定科学合理的水资源规划，需要考虑水资源的量、质、分布和利用状况，以及水环境的保护和恢复等因素。同时，还需要充分考虑社会经济发展、人口增长和生态环境保护等因素，制定出适合当地实际情况的水资源规划。

2. 加强水资源管理和保护

水资源管理和保护是实现水利高质量发展调控的关键。加强水资源管理和保护，需要采取一系列措施，包括加强水资源监测和评估、加强水资源利用效率和节约用水、加强水环境保护和修复、加强水生态系统保护和恢复等。同时，还需要加强水资源管理和保护的法律法规建设，完善水资源管理和保护的制度和机制，提高水资源管理和保护的能力和水平。

3. 促进水资源协调利用和保护

水资源协调利用和保护是实现水利高质量发展调控的重要途径。促进水资源协调利用和保护，需要采取一系列措施，包括加强水资源调度和分配、加强水资源的跨流域调配和利用、加强水资源的集约利用和循环利用、加强水资源的节约用水和减排减污等。同时，还需要加强水资源协调利用和保护的国际合作和交流，推动水资源协调利用和保护的全球治理。

4. 推动水利科技创新和发展

水利科技创新和发展是实现水利高质量发展调控的重要保障。推动水利科技创新和发展，需要加强水利科技创新和发展的投入和支持、加强水利科技创新和发展的协同和集成、加强水利科技创新和发展的应用和推广、加强水利科技创新和发展的人才培养和引进等。同时，还需要加强水利科技创新和发展的国际合作和交流，推动水利科技创新和发展的全球化。

总之，实现水利高质量发展调控是一个长期的任务。需要在政府、企业和社会各方面的共同努力下，加强水资源管理和保护，促进水资源协调利用和保护，推动水利科技创新和发展，实现水利事业的可持续发展。

8.2 水利高质量发展调控模型构建

8.2.1 构建原理

本书的模型结构因调控指标的性质不同主要分为 2 种，分别为基于和谐度方程调控模型（Harmony Equations Regulation Model），用于调控未达到目标的可调控指标；BP 神经网络预测模型（BP Neural Network Prediction Model），用于预测已达标指标以及不可调控的自然因素指标。这 2 种不同的模型原理，用于解决不同的问题。

1. 基于和谐度方程调控模型

基于和谐度方程调控模型是一种用于系统建模和控制的方法，它基于系统内部各个部分之间的相互作用和调控关系，通过建立和谐度方程来描述系统的动态行为和稳定性。

基于和谐度方程调控模型的原理可以分为以下几个步骤：

（1）定义系统的和谐度。和谐度是指系统内部各个部分之间的关系要达到一种和谐的状态。和谐度可以通过量化系统内部变量之间的相关性、一致性或相互适应程度来衡量。例如，可以使用相关系数、互信息等指标来衡量变量之间的关联度。

（2）建立和谐度方程。根据系统的动态特性与和谐度的定义，建立和谐度方程来描述系统内部变量的变化与和谐度参数之间的关系。和谐度方程可以是一组微分方程或差分方程，其中包含系统内部变量的动力学方程以及和谐度参数的调节方程。

（3）调控和谐度参数。通过调节和谐度参数，可以实现对系统的控制和调节。调控和谐度参数可以通过外部输入或反馈机制来实现。例如，可以根据系统的状态误差或性能指标，利用控制算法来调节和谐度参数，使系统逐渐趋向于和谐状态。

（4）分析和优化系统行为。根据建立的和谐度方程，可以对系统的动态行为进行分析和优化。可以通过模拟和仿真来研究系统在不同参数调节下的响应，评估系统的稳定性、收敛性以及对外部扰动的鲁棒性。同时，可以利用优化算法来寻找最优的和谐度参数组合，以实现系统的最优控制和性能。

基于和谐度方程调控模型通过建立和谐度方程、调节和谐度参数来描述控制系统的动态行为和稳定性。这种模型可用于各种系统的建模和控制问题，旨在实现系统内部各个部分之间的和谐统一，从而实现系统的稳定性、控制性和鲁棒性。

2. BP 神经网络预测模型

BP 神经网络预测模型是一种用于时间序列预测的模型，其基于神经网络的结构和算法，通过学习和推断时间序列数据中的模式和趋势来进行预测。

（1）数据预处理。需要对时间序列数据进行预处理，包括去除噪声、平滑数据、归一化等操作。这样可以提高数据的可解释性和模型的稳定性。

（2）构建输入输出序列。将时间序列数据转化为神经网络模型的输入输出序列。通常，将过去的若干时刻作为输入，将下一个时刻的数值作为输出。

（3）构建神经网络模型。根据输入输出序列，构建神经网络模型进行训练。常用的神经网络结构包括循环神经网络（RNN）、长短期记忆网络（LSTM）和门控循环单元（GRU）。这些网络结构具有记忆能力，能够捕捉时间序列数据中的时间依赖关系。

（4）模型训练。通过将输入序列输入到神经网络中，利用反向传播算法进行模型的训练和优化。训练过程中，神经网络会根据实际输出与预测输出之间的误差进行参数更新，以减小误差，并提高预测准确性。

（5）模型预测。训练完成后，可以利用已经训练好的神经网络模型进行未来时刻的预测。将历史数据作为输入，通过前向传播算法计算输出值，即为模型的预测结果。

BP 神经网络预测模型通过神经网络的结构和算法，学习和推断时间序列数据中的模式和趋势，从而实现对未来时刻数值的预测。该模型的优势在于其可以捕捉时间上的依赖关系，并具有较强的非线性拟合能力。

3. 模型结合优势

将基于和谐度方程调控模型和 BP 神经网络预测模型相结合可以带来以下一些优势：

（1）综合考虑系统调控和预测能力。基于和谐度方程调控模型强调系统内部各个部分的和谐状态和稳定性，可以用于控制和调节系统。而 BP 神经网络预测模型则能够提供时间序列数据的预测能力。通过结合两种模型，可以在系统调控的同时，基于预测模型提供对未来趋势的预估。

（2）信息融合和系统优化。通过结合两种模型，可以将 BP 神经网络预测模型的结果与基于和谐度方程调控模型的反馈信息进行融合。这种融合可以提供更全面的系统状态信息，并用于优化系统调控策略。通过调整和谐度参数和预测模型的输入，可以实现更有效的系统控制和优化。

（3）应对复杂和动态系统。对于复杂的系统和动态环境，基于和谐度方程调控模型和 BP 神经网络预测模型的组合可以更好地应对系统的非线性和时变性。基于和谐度方程调控模型可以实时调节系统参数以适应变化，而 BP 神经网络预测模型可以根据历史数据学习模式并进行迭代预测，提供对系统未来的预估。

综上所述，基于和谐度方程调控模型和 BP 神经网络预测模型的结合可以为系统提供综合的控制和预测能力，优化系统的调控策略，并针对复杂和动态的系统环境提供更精确的预测和控制。

8.2.2　模型构建

1.基于和谐度方程调控模型

基于和谐度方程调控模型的构建涉及公式关系和数学原理。这个模型的目标是通过平衡各个因素的关系，实现系统内的和谐发展。

基于和谐度方程调控模型的构建包括以下详细步骤：

（1）确定目标。明确需要调控的系统的目标，目标的明确定义是建立模型的基础。此模型的目标为最终各指标均达到较优值，使系统水利高质量发展水平达到较高水平，并且3个子系统之间的系统和谐度达到良好及以上的协调状态，即

$$H = f(X_1, X_2, \cdots, X_n) \tag{8-1}$$

式中　　　　　H——和谐度；

X_1，X_2，$\cdots$，X_n——各个影响因素或变量。

（2）确定变量。确定影响系统目标的各种变量，并对其进行分类。这些变量分为内部因素和外部因素。内部因素包括保护水资源投入程度、科学技术水平、基础设施建设程度等；外部因素包括自然资源条件、社会经济水平情况等。对变量进行清晰的分类可以更好地理解系统的复杂性。

（3）建立和谐度方程。基于确定的变量，建立其间的和谐度方程。和谐度方程描述了各个变量之间的相互作用和影响程度。根据实际情况，结合专家知识和经验数据，确定各个变量之间的关系和方程形式。方程分别为线性的、非线性的。常见的关系模型为：

线性方程为

$$H = aX_1 + bX_2 + \cdots + nX_n \tag{8-2}$$

非线性方程为

$$H = aX_1^2 + bX_2^3 + \cdots + nX_n^m \tag{8-3}$$

基于实际情况和数据，根据相关性确定具体的方程形式和参数。

（4）确定参数。在和谐度方程中，涉及一些参数，用于描述变量之间的影响程度或权重。这些参数根据历史数据进行估计，也根据专家打分进行评估。参数的准确性和合理性对模型的有效性至关重要。

（5）设定约束条件。根据系统的实际情况，确定约束条件。约束条件包括资源限制、技术约束、市场需求等。约束条件用于限制变量的取值范围，确保模型的可行性和实用性。

（6）确定优化算法。应用最优化理论中的方法，选择遗传算法用于求解和谐度方程调控模型。

（7）模型求解与优化。通过数值计算方法，对建立的和谐度方程进行求解和优化。

（8）模型验证与评估。对构建的模型进行验证和评估。可以使用实际数据进行验证，比较模型结果与实际情况的拟合度和一致性。评估模型的准确性和鲁棒性，对模型进行改进和调整。

2. BP 神经网络预测模型

BP 神经网络预测模型的构建包括了神经网络的结构和算法。

（1）输入输出序列构建。输入序列、输出序列分别为：

1）输入序列。通常将过去的若干时刻的数值作为输入。假设时间序列数据为 x_1，x_2，$\cdots$，x_t，那么可以将 x_1，x_2，$\cdots$，x_{t-n} 作为模型的输入序列，其中 n 表示输入序列的长度。

2）输出序列。将下一个时刻的数值作为输出。对于输入序列 x_1，x_2，$\cdots$，x_{t-n}，将 x_t 作为模型的输出。

（2）神经网络模型构建。

1）RNN（Recurrent Neural Network）。RNN 是一种递归结构的神经网络，可以捕捉时间序列数据中的时间依赖关系。其隐藏层的输出会作为下一个时刻的输入，并且具有一定的记忆性。RNN 具有以下公式关系：

隐藏层输出为

$$h\_t = f(W\_h * h\_\{t-1\} + W\_x * x\_t + b\_h) \tag{8-4}$$

输出层预测为

$$y\_t = g(W\_y * h\_t + b\_y) \tag{8-5}$$

2）LSTM（Long Short - Term Memory）。LSTM 是一种特殊的 RNN，相比于基本的 RNN，具有更强的记忆和长期依赖能力。LSTM 利用门控机制来控制信息的流动。LSTM 具有以下公式关系：

遗忘门（forget gate）为

$$f\_t = sigmoid(W\_f * x\_t + U\_f * h\_\{t-1\} + b\_f) \tag{8-6}$$

输入门（input gate）为

$$i\_t = sigmoid(W\_i * x\_t + U\_i * h\_\{t-1\} + b\_i) \tag{8-7}$$

更新状态（update state）为

$$g\_t = tanh(W\_g * x\_t + U\_g * h\_\{t-1\} + b\_g) \tag{8-8}$$

输出门（output gate）为

$$o\_t = sigmoid(W\_o * x\_t + U\_o * h\_\{t-1\} + b\_o) \tag{8-9}$$

新状态（new state）为

$$s\_t = f\_t * s\_\{t-1\} + i\_t * g\_t \tag{8-10}$$

隐藏层输出为

$$h\_t = o\_t * tanh(s\_t) \tag{8-11}$$

3）其他神经网络结构。除了 RNN 和 LSTM，还可以使用其他的神经网络结构，如 GRU（Gated Recurrent Unit）等，其在设计上具有一定的差异，可以根据实际需求和数据特点进行选择。

（3）模型训练内容如下：

1）损失函数。损失函数用于衡量模型预测输出与真实输出之间的误差。常用的损失函数包括均方误差（MSE）和平均绝对误差（MAE）。例如，均方误差公式为

$$MSE = (1/N) * \sum (y\_true - y\_pred)^{\char`\^}2 \tag{8-12}$$

式中　N——样本数量；

　y＿true——真实输出；

　y＿pred——预测输出。

2）优化算法。优化算法使用梯度下降法或其变种来优化模型的参数。常见的优化算法包括随机梯度下降法（SGD）、Adam、RMSprop 等。

3）反向传播算法。反向传播算法通过反向传播算法计算损失函数对模型参数的梯度，并利用优化算法对参数进行更新。

（4）模型预测内容如下：

1）前向传播算法。前向传播算法将历史数据作为输入，通过神经网络模型进行前向传播，得到预测输出结果。

2）预测结果。预测结果为根据模型的输出结果，即为时间序列数据的预测值，可用于进一步分析和决策。

8.3　水利高质量发展调控

8.3.1　指标分类

将研究区域内所选指标分为未达标需调控指标、已达标保持现状指标、不可调控自然资源指标。研究区域指标分类见表 8-1。

表 8-1　　　　　　　　　　　研　究　区　域　指　标　分　类

未达标 需调控指标			已达标 保持现状指标	不可调控 自然资源指标
人均用水量	常住人口城镇化率	$NDVI$ 指数	耕地灌溉率	年供水量
万元 GDP 用水量	居民恩格尔系数	三产占比	人均综合用水量	水资源总量

147

未达标 需调控指标		已达标 保持现状指标	不可调控 自然资源指标
万元工业增加值 用水量	城镇与农村居民 可支配收入比	人口密度	工业用水重复 利用率	年降水量
万元农业增加值 用水量	农作物复种指数	万元 GDP 废水 排放量	用水普及率	人均水资源量
人均 GDP	供水综合生产能力	人均碳排放	建成区绿化覆盖率	产水模数
人均绿地面积	排水管道密度	污水处理率	生活污水无害化 处理率	人均耕地面积

8.3.2　预测指标值

将 BP 神经网络的隐藏神经元设置为 3，自回归阶数为 5，代表下一年的指标数据与前五年的数据具有密切关系。例如在本书中输入 2001—2020 年用水普及率的指标数据和 2001—2015 年的指标，再对 2016 年的数据进行训练，第二次将年份都提前 1 年，继续进行训练，一直循环往复地进行训练得到成熟的训练模型。BP 神经网络预测结果见表 8-2。

表 8-2　　　　　　　　　　　　BP 神经网络预测结果

指　　　标	2021 年	2022 年	2023 年	2024 年	2025 年	2035 年
年供水量/亿 m³	171.11	173.50	177.02	177.77	180.83	190.04
水资源总量/亿 m³	169.83	185.07	181.42	184.54	193.00	205.58
年降水量/mm	665.54	720.03	685.38	686.07	710.68	732.83
人均水资源量/(m³/人)	258.18	266.42	259.75	242.01	259.81	287.29
产水模数/(万 m³/km²)	17.07	13.08	15.22	16.48	16.35	19.83
人均耕地面积/(亩/人)	0.05	0.08	0.07	0.08	0.07	0.11
耕地灌溉率/%	96.12	96.11	96.20	96.18	96.14	99.56
人均综合用水量/(m³/人)	268.59	269.07	273.13	272.62	280.74	287.75
工业用水重复利用率/%	79.2	80.1	81.2	84.2	85.4	87.7
用水普及率/%	97.95	98.04	98.38	98.82	98.82	98.37
建成区绿化覆盖率/%	41.07	41.51	41.52	41.59	41.22	42.27
生活污水无害化处理率/%	99.29	99.32	98.98	99.29	99.14	99.41

8.3.3　调控指标值

调控指标关系如图 8-2 所示，其中以虚线相连接的 2 个指标表示具有较强的直接联系，以实线相连的 2 个指标表示具有稍弱的间接联系。

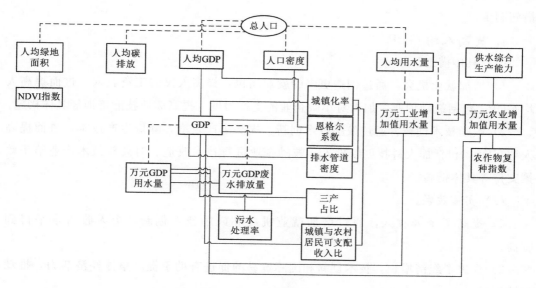

图 8-2　调控指标关系图

在这里调控指标调控主要对高质量水利共享方面的人均 GDP、绿色水利发展方面的万元 GDP 工业废水排放量、高质量水安全保障方面的人均用水量、水利基础设施建设方面的排水管道密度、水资源优化配置方面的供水综合生产能力进行调控，其余指标与关键制约因素具有一定的相关关系，因而随着关键制约因素变化而产生一系列变化。主要指标关系变量方程见表 8-3。

表 8-3　　　　　　　　　　　　　　主要指标关系变量方程

变　量　方　程	单位
人均用水量＝总用水量/用水人数	m³/人
用水总量＝农业用水量＋工业用水量＋生活用水量＋生态用水量	亿 m³
GDP＝第一产业 GDP＋第二产业 GDP＋第三产业 GDP	元
人均 GDP＝总 GDP/人口数量	元/人
排水管道密度＝（总排水管道长度/地表面积）×1000	km/km²
万元 GDP 废水排放量＝总废水排放量/GDP＝（总废水排放量/人均 GDP）×（人口数量/人口数量）	t/万元
供水综合生产能力＝取水环节设计能力＋净化环节设计能力＋送水环节设计能力＋出厂输水干管环节设计能力	万 m³/d

8.3.4　调控措施

要提高人均 GDP、降低万元 GDP 废水排放量提高供水综合生产能力、提高排水管道密度、提高人均绿地面积这 6 项指标，需要针对每个指标的特点和目标进行具体的措施制定。

1．提高人均 GDP

（1）具体措施。

1）增加就业机会，通过创造更多的就业岗位，提高人民的工资收入，进而提高人均 GDP，包括鼓励创业、加大对小微企业的支持力度、提高职业技能培训等具体措施。

2）鼓励技术创新，通过鼓励技术创新，提高生产效率，降低生产成本，进而提高人均 GDP，包括加大科技创新投入、鼓励企业进行技术改造、对高新技术产业给予政策支持等具体措施。

（2）实施效果。

1）提高了个人收入，通过增加就业机会和鼓励技术创新，个人收入水平得到提高。

2）促进了经济增长，技术创新和国际贸易的促进有助于提高整体经济活力，推动经济增长。

2．降低万元 GDP 废水排放量

（1）具体措施。

1）加强环保意识，通过加强环保意识教育，提高企业和公众的环保意识，进而降低万元 GDP 废水排放量，包括开展环保宣传活动、加强对企业的环保监管、鼓励企业进行环保技术创新等具体措施。

2）推广清洁能源，通过推广清洁能源，减少对传统能源的依赖，进而降低万元 GDP 废水排放量，包括加大对可再生能源的研发和利用、推广节能减排技术等具体措施。

3）实施严格的环保法规，通过实施严格的环保法规，加强对企业的监管，进而降低万元 GDP 废水排放量，包括建立完善的环保法规体系、加大对违法行为的处罚力度等具体措施。

（2）实施效果。

1）降低了废水排放，通过推广清洁能源和实施严格的环保法规，万元 GDP 废水排放量得到有效降低。

2）改善了水环境质量，废水排放量的减少有助于改善水环境质量，保障居民健康。

3．提高供水综合生产能力

（1）具体措施。

1）增加水源供给，通过增加水源供给，提高供水的稳定性和可靠性，进而提高供水综合生产能力，包括开发新的水源地、加强水源地保护等具体措施。

2）引进先进技术，通过引进先进的供水处理技术，提高供水水质和效率，进而提高供水综合生产能力，包括引进先进的净水处理技术、加强供水设施的维护和管理等具体措施。

（2）实施效果。

1）保障稳定供水，通过增加水源供给和提高供水设施维护水平，供水稳定性得到提高。

2）提高了水质，先进净水处理技术的应用有助于提高供水水质，保障居民健康。

4．提高排水管道密度

（1）具体措施。

1）加强城市基础设施建设，通过加强城市基础设施建设，提高排水管道的覆盖率和质量，进而提高排水管道密度，包括加大对城市排水系统的投入、加强排水管道的维护和管理等具体措施。

2）促进农村排水设施建设，通过促进农村排水设施建设，改善农村排水条件，进而提高排水管道密度，包括加大对农村排水设施的投入、鼓励农民自建排水设施等具体措施。

（2）实施效果。

1）显著改善排水条件，通过加强城市和农村基础设施建设，排水管道密度得到提高，改善排水条件。

2）减少了洪涝灾害，排水管道的完善有助于降低洪涝灾害的发生概率，保障居民安全。

5．提高人均绿地面积

（1）具体措施。

1）加强城市绿化建设，通过加强城市绿化建设，提高城市人均绿地面积，进而改善城市环境质量，包括增加城市公共绿地面积、鼓励居民在自家阳台或庭院种植植物等具体措施。

2）推广乡村绿化，通过推广乡村绿化，改善农村生态环境质量，进而提高人均绿地面积，具体措施包括鼓励农民种植经济林、加强对乡村绿化工作的技术支持和指导等。

（2）实施效果。

1）改善了环境质量，人均绿地面积的提高有助于改善空气质量、调节气候和减少噪声污染。

2）提高居民生活质量，绿地的增加为居民提供了休闲娱乐的场所，提高了居民生活质量。

和谐度模型指标调控结果见表8-4。

表8-4 和谐度模型指标调控结果

指 标	2021年	2022年	2023年	2024年	2025年	2035年
人均用水量/(m³/人)	275.30	289.60	312.50	320.90	346.80	366.90
人均GDP/万元	6.87	7.52	8.73	9.45	10.99	14.56
供水综合生产能力/(万m³/d)	85.00	96.00	102.00	114.00	121.00	148.00
排水管道密度/(km/km²)	9.90	13.40	19.70	22.70	25.60	29.80
万元GDP废水排放量/(t/万元)	3.23	2.96	2.55	2.14	1.87	1.42
人均绿地面积/(m²/人)	15.20	15.60	16.20	16.70	17.80	19.30
NDVI指数	0.78	0.78	0.79	0.80	0.83	0.87
污水处理率/%	98.68	98.68	98.69	98.71	98.76	98.85
万元GDP用水量/(m³/万元)	29.83	29.19	28.30	27.51	27.04	26.34
人口密度/(人/km²)	708.90	691.74	637.52	609.37	601.52	568.43
常住人口城镇化率/%	58.41	59.78	61.10	61.12	61.34	64.93
居民恩格尔系数	0.23	0.21	0.18	0.16	0.12	0.03
城镇与农村居民可支配收入比	2.05	2.03	2.06	2.11	2.09	1.81
三产占比/%	48.41	51.04	54.52	55.72	56.10	58.51
人均碳排放/(t/人)	0.06	0.06	0.06	0.05	0.05	0.02
万元工业增加值用水量/(m³/万元)	26.23	26.16	26.07	25.98	25.93	24.86
万元农业增加值用水量/(m³/万元)	462.76	465.10	468.53	471.75	473.74	476.77
农作物复种指数	1.65	1.66	1.68	1.69	1.71	1.76

8.3.5 河南省引黄受水区水利高质量发展水平调控结果

目标年水利高质量发展水平如图8-3所示。

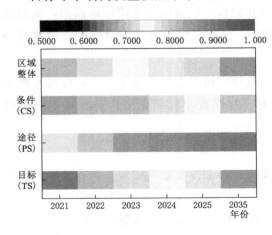

图8-3 目标年水利高质量发展水平

由图8-3可以看到,经调控河南省引黄受水区区域整体水利高质量发展水平分别在2025年与2035年达到0.8(高水平)与0.85(高水平),与2020年的0.6(较高水平)相比整体升高了1个等级,提升较为明显。目标年3个子系统的发展水平均有不同程度的提高,其中水利高质量发展途径子系统(TS子系统)的变化最大,在2020年为0.46(中等水平),在目标年2025年为0.88(高水平),2035年达到0.9(高水平),分别提高了 0.42 与 0.44，与其他 2 个子系统相比变化程度最大。

8.3.6 引黄受水区系统和谐度调控结果

目标年系统和谐度与子系统贡献度占比分别如图 8-4、图 8-5 所示。

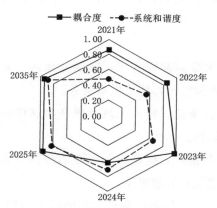

图 8-4　目标年系统和谐度

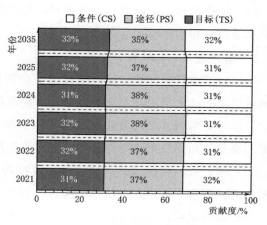

图 8-5　目标年子系统贡献度占比

由图 8-4 可以看到经调控后河南省引黄受水区区域整体系统和谐度在 2025 年达到 0.83（良好协调），在 2035 年达到 0.90（优质协调），系统耦合度在 2025 年达到 0.95 在 2035 年达到 0.94 均处于较为友好的水平。调控后由图 8-5 可知目标年各子系统处于虽然未达到理想状态下的和谐平衡状态，但各子系统占比与 2011—2020 年相比三个子系统间差异已经差异幅度很小正在接近理想的状态下的和谐平衡状态。从调控后的目标年的系统和谐度与目标年子系统贡献占比可以看到河南省引黄受水区各子系统经调控已经达到和谐状态，满足了预期目标。

8.4　对　策　及　建　议

河南省引黄受水区水利高质量发展调控是关乎该地区经济社会可持续发展的重要问题。针对这个问题，从水利高质量发展条件子系统、途径子系统、目标子系统 3 个方面需要提出对策及建议。

8.4.1　水利高质量发展目标子系统

1. 高质量水安全保障

（1）强化防洪减灾能力。加强防洪工程建设和维护，提高防洪标准。建立完善的水情监测预警体系，提高洪水预报和预警能力，确保人民生命财产安全。

（2）提升供水安全保障水平。加强供水水源地保护和水质监测，确保供水水质安全。推进供水设施建设和改造，提高供水可靠性和稳定性。

（3）加强水资源保护。强化水资源保护意识，严格控制污染物排放。加强水功能区监管和水生态系统保护，维护良好的水生态环境。

（4）推进水利法治建设。加强水利法规制度建设和执行力度，打击水事违法行为，保障水事秩序和水资源安全。

2．高质量水利共享

（1）促进水资源公平分配。制订科学合理的水资源配置方案，确保各地区、各行业和居民之间的水资源公平分配。加强水资源调度和管理，优化供水服务。

（2）推动水利基础设施建设。加大水利基础设施建设投入力度，提升水利设施覆盖率和质量。加强农田水利建设，改善农业生产条件。

（3）推进水利科技创新。加强水利科技研发和推广，提高水利行业的科技含量和创新能力。引进和推广先进技术，提升水利工程建设和管理水平。

（4）加强水利宣传教育。开展水利宣传教育活动，提高公众对水利的认识和理解。加强水利科普知识传播，提高公众对水资源的节约集约利用意识和保护意识。

8.4.2　水利高质量发展途径子系统

1．水资源节约集约利用

（1）强化水资源节约意识。通过宣传教育、政策引导等方式，提高公众和企业对水资源节约集约利用的认识和重视程度。

（2）推广节水技术和设备。鼓励企业和居民使用节水器具和设备，提高水资源利用效率。同时，推广节水灌溉技术，减少农业灌溉过程中的水资源浪费。

（3）加强水资源管理。建立健全水资源管理制度，对用水量进行实时监测和计量，实施用水定额管理，确保水资源得到合理利用。

2．水资源优化配置

（1）制订科学的水资源配置方案。根据区域内的水资源分布和需求情况，制订合理的水资源配置方案，确保水资源的优化配置和高效利用。

（2）加强跨区域调水工程建设。通过跨区域调水工程，实现水资源的优化配置和共享，缓解不同地区之间的水资源矛盾。

（3）推进水资源市场化改革。通过建立完善的水资源市场机制，实现水资源的优化配置和高效利用，提高水资源的利用效率和经济效益。

3．水利基础设施建设

（1）加强水利工程建设。加大对水利基础设施建设的投入力度，建设完善的水利工程体系，提高防洪减灾能力。

（2）推进水利科技创新。加强水利科技创新，提高水利技术水平，推动水利事业发展。

（3）加强水利设施维护管理。加强对水利设施的维护和管理，确保其正常运行和长期效益的发挥。

4. 水利系统现代化管理

（1）建立完善的水利信息化管理系统。通过建立水利信息化管理系统，实现对水资源、水利设施等的实时监测和管理，提高管理效率。

（2）推进水利数字化转型。通过数字化技术手段，提高水利管理的智能化水平，实现水利管理的现代化和高效化。

（3）加强水利人才队伍建设。加大对水利人才的培养和引进力度，提高水利管理人员的专业素质和管理能力。

8.4.3　水利高质量发展目标子系统

1. 区域水资源禀赋

（1）强化水资源评价。对河南省引黄受水区的区域水资源进行全面评价，掌握水资源分布、储量、水质等基本情况，为水利高质量发展提供基础数据支持。

（2）推进水资源监测体系建设。建立完善的水资源监测体系，实现对区域水资源的实时监测和动态管理，及时掌握水资源变化情况，为决策提供科学依据。

（3）优化水资源配置。根据区域内的水资源禀赋和需求情况，制订合理的水资源配置方案，确保水资源的优化配置和高效利用。

2. 水利绿色发展

（1）加强生态保护与修复。在水利开发与建设中，注重水生态保护和修复，减少对水生态系统的破坏和污染。推广生态友好型水利工程，促进水生态系统的恢复和保护。

（2）推进节水型社会建设。通过宣传教育、政策引导等方式，推广节水理念和节水技术，提高公众和企业对节水的认识和重视程度。鼓励使用节水器具和设备，促进水资源的高效利用。

（3）加强水土保持工作。采取水土保持措施，减少水土流失，保护土地资源和水资源。加强水土保持监测体系建设，及时掌握水土流失情况，采取相应措施进行治理。

（4）推进清洁能源发展。鼓励使用清洁能源，减少对传统能源的依赖，降低碳排放。推广太阳能、风能等可再生能源，促进清洁能源在水利领域的应用和发展。

第 9 章

结 论 和 展 望

　　面对河南省引黄受水区当前水资源供需不平衡、经济发展失衡、生态环境脆弱等严峻形势，在水资源开发、利用和保护矛盾突出的当下，区域高质量发展的系列研究，对于提升区域高质量发展水平具有重要技术支撑。

9.1 结 论

1. 河南省引黄受水区高质量发展评价与和谐调控

　　基于广大学者对"黄河流域生态保护和高质量发展战略"的研究基础，开展高质量发展和谐调控模型研究。首先，剖析了研究区存在的根本性问题，厘清了资源-生态-经济-社会系统的作用机制；然后，以水资源为主线，构建了基于系统的高质量发展评价指标体系，开展了区域高质量发展水平量化研究；其次，构建了区域高质量发展和谐调控模型，并利用调控模型识别出了影响区域发展的关键制约因素；最后，将和谐调控模型应用于河南省引黄受水区高质量发展调控中，提升了区域高质量发展水平。主要结论如下：

　　（1）针对高质量发展如何量化的问题，通过对现有高质量发展相关分析方法的系统梳理和解读，认识了现有高质量发展量化方法存在的问题及值得借鉴的观点。在明确区域当前基本现状的基础上，构建了以水为主线、以解决实际问题为目标、以系统中存在的迫切问题为关键点的高质量发展量化评价指标体系，该评价指标体系能够较好地代表区域高质量发展水平。

（2）资源、生态、经济、社会处于相互依赖相互影响的统一整体之中。起初，资源-生态-经济-社会系统处于和谐平衡状态，在不断地发展中，资源、生态、经济、社会各子系统不断地进行能量和物质的交换，各子系统之间的关系时刻变换，导致旧的平衡不断被打破。只有当资源、生态、经济、社会各子系统之间和谐一致、协调发展，才能建立一种良性循环，实现整个系统的高质量发展。

（3）基于高质量发展量化评价指标体系和 SMI-P 法，系统评估了 2011—2020 年河南省引黄受水区高质量发展水平，分析了其时空变化特征以及维度特征。2011—2020 年，河南省引黄受水区整体高质量发展水平呈波动上升趋势，整体由较低水平（0.34）上升为中等水平（0.57），提高了 1 个等级。河南省引黄受水区各地市高质量发展水平空间差异较为明显，中东部地区高质量发展水平高于西部地区，北部地区最差。郑州高质量发展水平增长速度明显高于其他地市，由 0.41（中等水平）提升到了 0.71（较高水平）；其他各地级市变化趋势差异较小，增长速度缓慢。

（4）资源-生态-经济-社会系统的发展处于非和谐平衡状态，各系统的贡献度占比相差甚多，但系统正向着和谐平衡的状态发展，资源子系统发展水平较高，对高质量发展的贡献度占比较大。各子系统中，资源子系统高质量发展水平始终较高，但有下降趋势；生态、经济、社会子系统水平不高，但呈上升趋势。当前高质量发展水平仍有很大提高空间且面临较大挑战。

（5）基于构建的高质量发展和谐调控模型，识别出影响河南省引黄受水区高质量发展的关键制约因素，关键制约因素有人均用水量、人均能源消耗量、万元工业增加值废气排放量、人均碳排放量、三产占比、人均 GDP、万人医疗卫生人员数，通过调控关键制约因素的取值可以有效提高区域高质量发展水平。

（6）本书构建的模型通过实例应用，可以实现对高质量发展水平的改善，以 2020 年为基准年，通过多种情景设计和模型调控，找出了适合河南省引黄受水区的和谐调控方案为综合发展型方案，调控之后将河南省引黄受水区的高质量发展水平从 0.57 提升到了 0.8，升高了 1 个等级。

2. 河南省引黄受水区水利高质量发展评价与调控

基于广大专家学者对"黄河流域高质量发展""水利高质量发展""人水和谐"等方面的研究基础，开展了河南省引黄受水区水利高质量发展调控模型构建及应用研究。首先，分析了研究区限制水利高质量发展存在的主要问题，并根据水利高质量发展目标、途径、条件三大子系统进行展开，分析了当前各方面的发展现状，并研究了水利高质量发展的概念与内涵；其次，以水为主线进行展开，构建了系统的水利高质量发展评价指标体系，开展了区域水利高质量发展水平量化研究，并分析了影响区域水利高质量发展的关键制约因素以及系统的和谐发展程度；最后，构建了区域水利高质量发展调控模型，将此模型应用于河南省引黄受水区水利高质量发展研究中，提升了区域水利高质量发展水平。主要结论如下：

（1）水利高质量发展是指在保障水资源安全和提高水资源利用效率的基础上，推动水利事业向着更加科学、绿色、可持续的方向发展，实现经济、社会和生态效益的协同提升。水利高质量发展从保障水资源安全、提高水资源利用效率、改善水环境质量、保护水生态环境以及推进水利科技创新等方面入手，旨在实现高标准、高质量、高效率的水利事业发展，为人类社会的可持续发展提供可靠的水资源保障和优质的水环境支持。

（2）基于水利高质量发展量化评价指标体系和 SMI－P 法，对 2011—2020 年河南省引黄受水区水利高质量发展水平，在发展时序演变、空间格局变化、发展维度及区域整体水平进行了分析。在这 10 年间，河南省引黄受水区水利高质量发展水平整体呈现为上升的趋势。从空间发展格局来看，2011—2020 年河南省引黄受水区北部地区与东南部地区水利高质量发展水平从整体来看要弱于中部地区，发展维度方面 3 个子系统均在逐年变好，整体来看区域整体水利高质量发展水平提高主要来自途径子系统的支撑。

（3）区域水源禀赋方面的人均水资源量及水资源总量、高质量水利共享方面的人均 GDP、绿色水利发展方面的万元 GDP 工业废水排放量、高质量水安全保障方面的人均用水量、水利基础设施建设方面的排水管道密度、水资源优化配置方面的供水综合生产能力是制约河南省引黄受水区水利高质量发展的关键因素。

（4）河南省引黄受水区的系统和谐度呈现缓慢波动的趋势，变化幅度并不剧烈，整体上在 0.6 上下浮动，14 个地级市中许昌、济源系统耦合度与系统和谐度最高，但是相较于其他地市并没有很大差距。在子系统相对发展程度上，PS 子系统在 2011—2020 年均强于 CS 子系统，整体上 TS 子系统总要略强于 CS 子系统，TS 子系统与 PS 子系统之间的差距正在逐年缩小。整体上，14 个地级市中 TS 子系统与 PS 子系统之间差距最小，PS 子系统与 CS 子系统之间的差距最大。

（5）本书构建的模型通过实例应用，可以实现对区域水利高质量发展水平的改善。经调控，河南省引黄受水区区域整体水利高质量发展水平分别在 2025 年与 2035 年达到 0.8 与 0.85，与 2020 年的 0.6 相比整体升高了 1 个等级，提升较为明显。经调控，河南省引黄受水区区域整体系统和谐度在 2025 年达到 0.83，在 2035 年达到 0.90，与 2011—2020 年相比 3 个子系统间差异幅度很小，正在接近理想状态下的和谐平衡状态。

158

9.2 展　　望

本书揭示了河南省当前存在的迫切问题，构建了区域高质量发展量化评价指标体系，并应用 SMI－P 法对区域高质量发展现状进行评价，开展了高质量发展调控模型的构建及应用研究。虽然本书在高质量发展量化评价指标体系、高质量发展和谐调控模型的构建及应用方面取得了一定的进展和成果，但还存在很多定性和定量化问题亟待解决及进行进一步深化，总结如下：

（1）深化系统间的作用机理及和谐平衡关系研究。在河南省引黄受水区高质量发展和谐平衡作用机制中，以上两方面研究仅从定性的角度论述了各子系统内部、各子系统相互之间的作用关系，系统间的和谐平衡状态是时刻变化的，在未来的研究中，可以从更加详细微观的子系统内部出发，定量的分析系统间的和谐平衡作用关系及变化规律，进一步揭示高质量发展和谐平衡的本质。

（2）拓展高质量发展评价指标体系研究。两项研究均选取了 30 个评价指标，所选指标虽能代表区域高质量发展水平的高低，但自然社会是复杂多变、丰富多彩的，在未来的研究中，可以从更多角度出发，选取更多方面的指标，探索更深层次高质量发展系统内部结构，所以在未来的水利高质量发展研究中，可以从多角度出发，选取更多方面更多数量的指标，依靠大数据计算与人工智能分析，以此来使所得结果更加科学合理，更能反映实际情况。

（3）加强高质量发展和谐调控模型研究。本书基于 ESD 模型构建了高质量发展和谐调控模型，采用基于和谐度方程调控模型与 BP 神经网络预测模型相结合的方式构建了水利高质量发展调控模型，基本模拟了系统间的动态变化。一方面，由于系统间相互作用关系复杂且多变，本书针对系统间作用机理的分析浅显且宏观，可在今后研究中细致深化；另一方面，在处理大规模、高维度、非线性的水利数据时，仍存在技术挑战。需要进一步完善数据预处理和特征提取方法，以确保数据的准确性和模型的稳定性。而且在参数调整与选择上需要研究更高效的参数优化算法，以提高模型的收敛速度和预测精度。并且在之后的研究中需结合实际水利系统的特点，对模型进行针对性的优化和改进，以提高其在实际应用中的效果。

参 考 文 献

［1］ 杨莹，叶文，岳卫峰，等. 基于水资源-经济社会-生态系统互馈关系的水资源承载能力评价指标优选［J］. 中国水利，2020（19）：34-36，43.

［2］ 韩春辉，左其亭，张修宇，等. 河南省引黄受水区资源-生态-经济系统安全评价与耦合协调分析［J］. 人民黄河，2022，44（1）：61-66，93.

［3］ 吴青松，马军霞，左其亭，等. 塔里木河流域水资源-经济社会-生态环境耦合系统和谐程度量化分析［J］. 水资源保护，2021，37（2）：55-62.

［4］ 李波，李春娇，王铁良. 辽宁省水资源生态经济系统协调发展评价［J］. 沈阳农业大学学报，2013，44（2）：241-244.

［5］ 王慧亮，申言霞，李卓成，等. 基于能值理论的黄河流域水资源生态经济系统可持续性评价［J］. 水资源保护，2020，36（6）：12-17.

［6］ 于磊，郭佳航，王慧丽. 区域水资源-能源-粮食耦合系统和谐评价［J］. 南水北调与水利科技（中英文），2021，19（3）：437-445.

［7］ 彭少明，郑小康，王煜，等. 黄河流域水资源-能源-粮食的协同优化［J］. 水科学进展，2017，28（5）：681-690.

［8］ 郝林钢，于静洁，王平，等. 面向可持续发展的水-能源-粮食纽带关系系统解析及其研究框架［J］. 地理科学进展，2023，42（1）：173-184.

［9］ 任祁荣，于恩逸. 甘肃省生态环境与社会经济系统协调发展的耦合分析［J］. 生态学报，2021，41（8）：2944-2953.

［10］ SODIKOV K A，ARABOV F P，BOBOHONZODA Kh R，et al. Sustainable development of ecological and economic use of agricultural land and water resources of the Republic of Tajikistan ［J］. IOP Conference Series：Earth and Environmental Science，2022，981（2）：022028.

［11］ LIANG D，FUQ，XU Y，et al. Modelling and Dynamic Analysis of Water Resource-Ecology-Economy System in Water Conservation Areas ［J］. International Journal of Design & Nafure and Ecoolynamic，2020，15（3）：315-323.

［12］ DI D，WU Z，GUO X，et al. Value Stream Analysis and Emergy Evaluation of the Water Resource Eco-Economic System in the Yellow River Basin ［J］. Water，2019，11（4）：710.

［13］ WANG S，YANG J，WANG A，et al. Coupled coordination of water resources-economy-ecosystem complex in the Henan section of the Yellow River basin ［J］. Water Supply，2022，22（12）：8835-8848.

［14］ AN S，ZHANG S，HOU H，et al. Coupling Coordination Analysis of the Ecology and Economy in the Yellow River Basin under the Background of High-Quality Development ［J］. Land，2022，11（8）：1235.

［15］ CHENG Z，ZHAO T，ZHU Y，et al. Evaluating the Coupling Coordinated Development between Regional Ecological Protection and High-Quality Development：A Case Study of Guizhou，China ［J］. Land，2022，11（10）：1775.

［16］ LI Z，CHEN Y，ZHANG L，et al. Coupling coordination and spatial-temporal characteristics of resource and environmental carrying capacity and high-quality development ［J］. Frontiers in

Environmental Science, 2022, 10: 1-18.

[17] ZHANG Y, FANG Z, XIE Z. Study on the Coupling Coordination between Ecological Environment and High-Quality Economic Development in Urban Agglomerations in the Middle Reaches of the Yangtze River [J]. International Journal of Environmental Research and Public Health, 2023, 20 (4): 3612.

[18] 王珺. 以高质量发展推进新时代经济建设 [J]. 南方经济, 2017 (10): 1-2.

[19] 迟福林. 以高质量发展为核心目标建设现代化经济体系 [J]. 行政管理改革, 2017 (12): 4-13.

[20] 冯俏彬. 我国经济高质量发展的五大特征与五大途径 [J]. 中国党政干部论坛, 2018 (1): 59-61.

[21] 邹薇. 建设现代化经济体系, 实现更高质量发展 [J]. 人民论坛·学术前沿, 2018 (2): 31-38.

[22] 任保平, 李禹墨. 新时代我国高质量发展评判体系的构建及其转型路径 [J]. 陕西师范大学学报 (哲学社会科学版), 2018, 47 (3): 104-113.

[23] 夏军. 黄河流域综合治理与高质量发展的机遇与挑战 [J]. 人民黄河, 2019, 41 (10): 157.

[24] 张贡生. 黄河流域生态保护和高质量发展: 内涵与路径 [J]. 哈尔滨工业大学学报 (社会科学版), 2020, 22 (5): 119-128.

[25] 安树伟, 李瑞鹏. 黄河流域高质量发展的内涵与推进方略 [J]. 改革, 2020 (1): 76-86.

[26] 石碧华. 黄河流域高质量发展的时代内涵和实现路径 [J]. 理论视野, 2020 (9): 61-66.

[27] 刘昌明. 对黄河流域生态保护和高质量发展的几点认识 [J]. 人民黄河, 2019, 41 (10): 158.

[28] 杨永春, 穆焱杰, 张薇. 黄河流域高质量发展的基本条件与核心策略 [J]. 资源科学, 2020, 42 (3): 409-423.

[29] 王亚男, 唐晓彬. 基于八大区域视角的中国经济高质量发展水平测度研究 [J]. 数理统计与管理, 2022, 41 (2): 191-206.

[30] 李林山, 赵宏波, 郭付友, 等. 黄河流域城市群产业高质量发展时空格局演变研究 [J]. 地理科学, 2021, 41 (10): 1751-1762.

[31] 方琳娜, 尹昌斌, 方正, 等. 黄河流域农业高质量发展推进路径 [J]. 中国农业资源与区划, 2021, 42 (12): 16-22.

[32] 查建平, 周霞, 周玉玺. 黄河流域农业绿色发展水平综合评价分析 [J]. 中国农业资源与区划, 2022, 43 (1): 18-28.

[33] 申桂萍, 宋爱峰. 我国黄河流域工业高质量发展效率研究 [J]. 兰州大学学报 (社会科学版), 2020, 48 (6): 33-41.

[34] 武占云, 王业强. 高质量发展视域下黄河流域土地利用效率提升研究 [J]. 当代经济管理, 2022, 44 (1): 68-75.

[35] 李政涛. "五育融合" 推动基础教育高质量发展 [J]. 人民教育, 2020 (20): 13-15.

[36] 程翠翠. 有效促进 "双一流" 建设: 新时代高校高质量发展外部评价根本遵循 [J]. 中国高等教育, 2020 (19): 53-55.

[37] 杨阳. 高质量发展背景下公共图书馆全民阅读推广策略研究 [J]. 图书馆工作与研究, 2020 (S1): 86-90.

[38] 丁仕潮. 中国文化产业高质量发展的时空演化特征 [J]. 统计与决策, 2021, 37 (21): 119-122.

[39] 谢朝武, 樊玲玲, 吴贵华. 黄河流域城市旅游效率的空间网络结构及其影响因素分析 [J]. 华中师范大学学报 (自然科学版), 2022, 56 (1): 146-157.

[40] 秦继伟. 河南打造黄河流域文旅融合高质量发展示范区路径研究 [J]. 经济地理, 2020: 1 - 16.

[41] 李衡, 韩燕. 黄河流域 $PM_{2.5}$ 时空演变特征及其影响因素分析 [J]. 世界地理研究, 2022, 31 (1): 130 - 141.

[42] 韩宇平, 苏潇雅, 曹润祥, 等. 基于熵-云模型的我国水利高质量发展评价 [J]. 水资源保护, 2022, 38 (1): 26 - 33, 61.

[43] 左其亭. 黄河流域生态保护和高质量发展研究框架 [J]. 人民黄河, 2019, 41 (11): 1 - 6, 16.

[44] 徐勇, 王传胜. 黄河流域生态保护和高质量发展: 框架、路径与对策 [J]. 中国科学院院刊, 2020, 35 (7): 875 - 883.

[45] 左其亭, 张志卓, 李东林, 等. 黄河河南段区域划分及高质量发展路径优选研究框架 [J]. 南水北调与水利科技（中英文）, 2021, 19 (2): 209 - 216.

[46] 张合林, 王亚辉, 王颜颜. 黄河流域高质量发展水平测度及提升对策 [J]. 区域经济评论, 2020 (4): 45 - 51.

[47] 徐辉, 师诺, 武玲玲, 等. 黄河流域高质量发展水平测度及其时空演变 [J]. 资源科学, 2020, 42 (1): 115 - 126.

[48] 张国兴, 苏钊贤. 黄河流域中心城市高质量发展评价体系构建与测度 [J]. 生态经济, 2020, 36 (7): 37 - 43.

[49] 刘建华, 黄亮朝, 左其亭. 黄河流域生态保护和高质量发展协同推进准则及量化研究 [J]. 人民黄河, 2020, 42 (9): 26 - 33.

[50] 左其亭, 姜龙, 马军霞, 等. 黄河流域高质量发展判断准则及评价体系 [J]. 灌溉排水学报, 2021, 40 (3): 1 - 8, 22.

[51] 张金良, 曹智伟, 金鑫, 等. 黄河流域发展质量综合评估研究 [J]. 水利学报, 2021, 52 (8): 917 - 926.

[52] 马静, 刘洋, 王艳. 黄河流域高质量发展空间格局与网络结构特征 [J]. 统计与决策, 2021, 37 (19): 125 - 128.

[53] 朱向梅, 张静. 黄河流域高质量发展网络时空演化研究 [J]. 人民黄河, 2021, 43 (8): 7 - 13.

[54] LI J W, WU Z, TIAN G L. Research on water resources pricing model under the water resources - economic high - quality development coupling system: a case study of Hubei Province, China [J]. Water Policy, 2022, 24 (2): 363 - 381.

[55] ZHANG Q, SHEN J. Spatiotemporal Heterogeneity and Driving Factors of Water Resource and Environment Carrying Capacity under High - Quality Economic Development in China [J]. International Journal of Environmental Research and Public Health, 2022, 19 (17): 10929.

[56] FENG Z W, CHEN Y Y, YANG X L. Measurement of Spatio - Temporal Differences and Analysis of the Obstacles to High - Quality Development in the Yellow River Basin, China [J]. Sustainability, 2022, 14 (21): 14179.

[57] SONG H F, TIAN W, WANG Y M, et al. Regional high - quality development evaluation and spatial balance analysis [J]. Procedia Computer Science, 2022, 214: 1032 - 1039.

[58] CHEN Y, MIAO Q Q, ZHOU Q. Spatiotemporal Differentiation and Driving Force Analysis of the High - Quality Development of Urban Agglomerations along the Yellow River Basin [J]. International Journal of Environmental Research and Public Health, 2022, 19 (4): 2484.

[59] GAO H, ZHANG H. Study on coordination and quantification of ecological protection and high quality development in the Yellow River Basin [J]. IOP Conference Series: Earth and Environmental Science, 2021, 647 (1): 12168 - 12173.

[60] LV G Q. Study on the Comprehensive Level Measurement of High – Quality Development in the Yellow River Basin [J]. Frontiers in Economics and Management，2020，1（12）：14179 – 14194.

[61] 李原园，李云玲，王慧杰，等. 强化黄河流域水资源调控思路与对策 [J]. 中国水利，2021（18）：9 – 10，8.

[62] 张万顺，王浩，周奉. 长江流域三水协同调控关键技术应用展望 [J]. 人民长江，2023，54（1）：8 – 13，23.

[63] 张红武，李琳琪，彭昊，等. 基于流域高质量发展目标的黄河相关问题研究 [J]. 水利水电技术（中英文），2021，52（12）：60 – 68.

[64] 李欣. 黑龙江省资源型城市高质量发展的影响因素与调控对策 [J]. 哈尔滨师范大学自然科学学报，2021，37（6）：77 – 83.

[65] 傅伯杰，王帅，沈彦俊，等. 黄河流域人地系统耦合机理与优化调控 [J]. 中国科学基金，2021，35（4）：504 – 509.

[66] 苗长虹，张佰发. 黄河流域高质量发展分区分级分类调控策略研究 [J]. 经济地理，2021，41（10）：143 – 153.

[67] 左其亭，毛翠翠. 人水关系的和谐论研究 [J]. 中国科学院院刊，2012，27（4）：469 – 477.

[68] 左其亭. 基于人水和谐调控的水环境综合治理体系研究 [J]. 人民珠江，2015，36（3）：1 – 4.

[69] 左其亭，韩淑颖，韩春辉，等. 基于遥感的新疆水资源适应性利用配置-调控模型研究框架 [J]. 水利水电技术，2019，50（8）：52 – 57.

[70] MOSTAFA S M, WAHED O, ElNASHAR W Y, et al. Potential Climate Change Impacts on Water Resources in Egypt [J]. Water, 2021, 13（12）：1715.

[71] KUMAR P, DASGUPTA R, DHYANI S, et al. Scenario – Based Hydrological Modeling for Designing Climate – Resilient Coastal Water Resource Management Measures：Lessons from Brahmani River, Odisha, Eastern India [J]. Sustainability, 2021, 13（11）：6339.

[72] KAZEMI M, BOZORG – HADDAD O, FALLAH – MEHEIPOUR E, et al. Optimal water resources allocation in transboundary river basins according to hydropolitical consideration [J]. Environment, Development and Sustainability, 2022（24）：1188 – 1206.

[73] GARROTE L. Water Resources Management Models for Policy Assessment [J]. Water, 2021, 13（8）：1063.

[74] ZUO Q, ZHAO H, MAO C, et al. Quantitative Analysis of Human – Water Relationships and Harmony – Based Regulation in the Tarim River Basin [J]. Journal of Hydrologic Engineering, 2014, 20（8）：05014030 – 05014039.

[75] 张志强，冯薇，张修宇，等. 河南省引黄受水区水资源节约集约度与经济社会要素匹配分析 [J]. 人民黄河，2021，43（9）：79 – 84.

[76] 左其亭，赵衡，马军霞，等. 水资源利用与经济社会发展匹配度计算方法及应用 [J]. 水利水电科技进展，2014，34（6）：1 – 6.

[77] 郝林钢，左其亭，刘建华，等. "一带一路"中亚区水资源利用与经济社会发展匹配度分析 [J]. 水资源保护，2018，34（4）：42 – 48.

[78] 郭佳航，田进宽，左其亭，等. 沙颍河流域水资源利用量与经济发展匹配特征分析 [J]. 南水北调与水利科技（中英文），2021，19（3）：487 – 495.

[79] 左其亭. 和谐论：理论·方法·应用 [M]. 2 版. 北京：科学出版社，2016.

[80] 左其亭，张云，林平. 人水和谐评价指标及量化方法研究 [J]. 水利学报，2008（4）：440 – 447.

[81] 张修宇，秦天，孙菡芳，等. 基于层次分析法的郑州市水安全综合评价 [J]. 人民黄河，2020，42（6）：42 – 45，52.

［82］ 张修宇，周莹，韩春辉，等. 河南省引黄受水区发展水平评价指标体系构建及应用［J］. 人民黄河，2022，44（7）：48－52，58.

［83］ ZHANG X，ZHOU Y，HAN C. Research on High－Quality Development Evaluation and Regulation Model：A Case Study of the Yellow River Water Supply Area in Henan Province［J］. Water，2023，15（2）：261.

［84］ 左其亭. 和谐论的数学描述方法及应用［J］. 南水北调与水利科技，2009，7（4）：129－133.

［85］ 左其亭. 和谐论及其应用的关键问题讨论［J］. 南水北调与水利科技，2009，7（5）：101－104.

［86］ 左其亭. 人水和谐论——从理念到理论体系［J］. 水利水电技术，2009，40（8）：25－30.

［87］ 左其亭，庞莹莹. 基于和谐论的水污染物总量控制问题研究［J］. 水利水电科技进展，2011，31（3）：1－5，12.

［88］ 左其亭. 基于人水和谐调控的水环境综合治理体系研究［J］. 人民珠江，2015，36（3）：1－4.

［89］ 左其亭，张志强. 人水和谐理论在最严格水资源管理中的应用［J］. 人民黄河，2014，36（8）：47－51.

［90］ 吴青松，马军霞，左其亭，等. 塔里木河流域水资源-经济社会-生态环境耦合系统和谐程度量化分析［J］. 水资源保护，2021，37（2）：55－62.

［91］ 左其亭. 部门和谐论主要研究内容及应用领域［J］. 社科纵横，2016，31（11）：42－46.

［92］ 左其亭，韩春辉，马军霞，等. 和谐度方程（HDE）评价方法及应用［J］. 系统工程理论与实践，2017，37（12）：3281－3288.

［93］ 刘欢，左其亭，马军霞. 基于"三条红线"约束的区域人水和谐评价［J］. 水利水电技术，2014，45（9）：6－11.

［94］ 左其亭，张云，林平. 人水和谐评价指标及量化方法研究［J］. 水利学报，2008，39（4）：440－447.

［95］ 赵衡，左其亭. 人水关系博弈均衡研究方法及应用［J］. 水电能源科学，2014，32（1）：137－140，106.

［96］ 左其亭，赵春霞. 人水和谐的博弈论研究框架及关键问题讨论［J］. 自然资源学报，2009，24（7）：1315－1324.

［97］ 左其亭，刘欢，马军霞. 人水关系的和谐辨识方法及应用研究［J］. 水利学报，2016，47（11）：1363－1370，1379.

［98］ 左其亭，李佳伟，于磊. 黄河流域人水关系作用机理及和谐调控［J］. 水力发电学报，2022，41（2）：1－8.

［99］ 左其亭. 人水和谐论及其应用研究总结与展望［J］. 水利学报，2019，50（1）：135－144.

［100］ 戴会超，唐德善，张范平. 城市人水和谐度研究［J］. 水利学报，2013，44（8）：973－978，986.

［101］ 李鹏飞，杨广，李小龙，等. 玛纳斯河流域水资源-生态-经济复合系统的安全评价［J］. 石河子大学学报（自然科学版），2018，36（1）：95－101.

［102］ 陆赛，唐德善，孟令爽. 基于GRA－IECD协调发展模型的人水和谐评价［J］. 人民黄河，2019，41（3）：84－88.

［103］ 李可任，左其亭. 基于和谐论的黄河下游河段健康评价［J］. 水电能源科学，2013，31（1）：68－71，103.

［104］ 李红艳，付景保，褚钰，等. 基于人水和谐的南水北调中线运行效果评价——以河南典型受水区为例［J］. 南水北调与水利科技（中英文），2022，20（1）：93－101.

［105］ 左其亭，郝明辉，姜龙，等. 幸福河评价体系及其应用［J］. 水科学进展，2021，32（1）：

45－58.

[106] 李国英. 推动新阶段水利高质量发展 为全面建设社会主义现代化国家提供水安全保障——在水利部"三对标、一规划"专项行动总结大会上的讲话 [J]. 水利发展研究，2021，21（9）：1－6.

[107] 李国英. 深入学习贯彻习近平经济思想 推动新阶段水利高质量发展 [J]. 水利发展研究，2022，22（7）：1－3.

[108] 汪安南. 以"十六字"治水思路为指引 加快推进新阶段黄河流域水利高质量发展 [J]. 人民黄河，2022，44（3）：1－4.

[109] 马林云. 以高度的政治自觉贯彻"十六字"治水思路 奋力推动新阶段浙江水利高质量发展 [J]. 水利发展研究，2022，22（6）：13－16.

[110] 陈茂山，王建平，夏朋. "十六字"治水思路是推动新阶段水利高质量发展的根本遵循 [J]. 水利发展研究，2021，21（9）：11－14.

[111] 李彤，冯永琴，沈益宇，等. 水利风景区高质量发展评价体系的研究 [J]. 中国集体经济，2022（11）：134－137.

[112] 赵钟楠，姜大川，李原园，等. 基于水利视角的高质量发展内涵及在流域层面的战略对策研究 [J]. 中国水利，2021（11）：52－54.

[113] 赵钟楠，姜大川，李原园，等. 流域层面水利高质量发展的战略思路 [J]. 水利规划与设计，2020（10）：18－21.

[114] 王冠军，刘卓. 提升"四个能力"实现水利高质量发展 [J]. 水利发展研究，2021，21（5）：1－4.

[115] 韩宇平，苏潇雅，曹润祥，等. 基于熵-云模型的我国水利高质量发展评价 [J]. 水资源保护，2022，38（1）：26－33，61.

[116] 谷树忠. 系统推进水利高质量发展 [J]. 中国水利，2021（2）：1－2.